Hauptschule Bayern

Lernstufen MATHEMATIK 5

Neue Ausgabe

Herausgegeben von
Prof. Dr. Manfred Leppig

unter Mitarbeit von
Walter Braunmiller, Königsbrunn
Reinhard Fischer, Fürth
Max Friedl, Spiegelau
Thomas Müller, Immenstadt
Manfred Paczulla, Bamberg
Karl-Heinz Thöne, Vilsbiburg
Heidrun Weber, Bayreuth
Helmut Wöckel, Schillingsfürst
und der Verlagsredaktion

unter Beratung von
Tanja Schremmer, Traunstein

Cornelsen

Hauptschule Bayern

Lernstufen Mathematik 5
Neue Ausgabe

Erarbeitet von

Walter Braunmiller
Reinhard Fischer
Max Friedl
Heinrich Geldermann
Manfred Leppig
Thomas Müller
Manfred Paczulla
Alfred Reinelt
Helmut Spiering
Karl-Heinz Thöne
Godehard Vollenbröker
Alfred Warthorst
Heidrun Weber
Helmut Wöckel

Redaktion: Max W. Busch
Herstellung: Marina Wurdel
Titelgestaltung: Knut Waisznor

Technische Umsetzung:
Universitätsdruckerei H. Stürtz AG, Würzburg

1. Auflage
Druck 4 3 2 1   Jahr 07 06 05 04

Alle Drucke dieser Auflage sind inhaltlich unverändert und können im Unterricht nebeneinander verwendet werden.

© 2004 Cornelsen Verlag, Berlin

Das Werk und seine Teile sind urheberrechtlich geschützt. Jede Nutzung in anderen als den gesetzlich zugelassenen Fällen bedarf der vorherigen schriftlichen Einwilligung des Verlages. Hinweis zu § 52 a UrhG: Weder das Werk noch seine Teile dürfen ohne eine solche Einwilligung eingescannt und in ein Netzwerk eingestellt werden. Dies gilt auch für Intranets von Schulen und sonstigen Bildungseinrichtungen.

Druck: CS-Druck CornelsenStürtz, Berlin

ISBN 3-464-52015-3

Bestellnummer 520153

Gedruckt auf säurefreiem Papier, umweltschonend hergestellt aus chlorfrei gebleichten Faserstoffen

Differenzierungszeichen

1 Übungen auf Grundniveau, Aufgaben mit durchschnittlichem Schwierigkeitsgrad

4 Übungen mit erhöhtem Schwierigkeitsgrad

 kennzeichnet Übungen zum Kopfrechnen.

kennzeichnet Übungen mit erhöhtem Zeitaufwand und Materialeinsatz, die auch als Aufgaben zur Freiarbeit nutzbar sind.

! kennzeichnet Informationsabschnitte.

∗ Ziele oder Inhalte, die laut Lehrplan zusätzlich behandelt werden können.

■ kennzeichnet Übungsseiten, die zur Freiarbeit eingesetzt werden können. Diese Seiten haben einen roten Randstreifen. Die Lösungen sind am Ende des Buches angegeben.

■ kennzeichnet die Seiten der Mathe-Meisterschaft, die der Selbstkontrolle dienen. Die Lösungen sind auch am Ende des Buches angegeben.

■ kennzeichnet Themenseiten, die Projektcharakter haben und den fächerübergreifenden Aspekt verstärken.

Inhalt

5	**Das kannst du schon**

9 Natürliche Zahlen

- 10 **Erweiterung des Zahlenraums, Zahlbeziehungen, Runden**
- 10 Wir stellen große Zahlen dar
- 13 Wir arbeiten im Zahlenraum der Milliarde
- 14 *Wir arbeiten im Zahlenraum der Billion
- 15 Wir zerlegen Zahlen
- 16 Wir entdecken Zahlbeziehungen
- 17 Wir schätzen und bestimmen große Anzahlen
- 18 Wir runden Zahlen
- 20 **Schaubilder deuten und erstellen**
- 20 Wir arbeiten mit verschiedenen Schaubildern
- ■ 22 **Wiederholen und sichern**
- ■ 23 Unser Sonnensystem
- ■ 24 Mathe-Meisterschaft

25 Grundrechenarten

- 26 **Addieren und Subtrahieren**
- 26 Wir überschlagen Rechnungen
- 28 Wir addieren mündlich
- 29 Wir addieren schriftlich
- 31 Wir subtrahieren mündlich
- 32 Wir subtrahieren schriftlich
- 34 Wir subtrahieren mehrere Zahlen
- 35 **Multiplizieren und Dividieren**
- 35 Wir multiplizieren mündlich
- 37 Wir multiplizieren schriftlich mit einstelligen Zahlen
- 39 Wir multiplizieren schriftlich mit mehrstelligen Zahlen
- 41 Wir dividieren mündlich
- 43 Wir dividieren schriftlich durch einstellige Zahlen
- 45 Wir dividieren schriftlich durch mehrstellige Zahlen
- 47 *Wir lernen verschiedene Rechenmethoden kennen
- ■ 47 **Wiederholen und sichern**

49 Terme und Gleichungen

- 50 **Terme, Rechenregeln, Rechengesetze**
- 50 Wir entwickeln Terme mit Zahlen
- 52 Wir bearbeiten Terme mit Klammern
- 54 Wir lernen die Klammerregel kennen
- 55 Wir lernen die Punkt-vor-Strich-Regel kennen
- 56 Wir lernen das Vertauschungsgesetz kennen
- 58 Wir lernen das Verbindungsgesetz kennen
- 61 Wir entwickeln Terme mit Variablen
- 63 **Gleichungen**
- 63 Wir arbeiten mit Gleichungen
- 65 Wir setzen Gleichungen an und lösen sie
- 67 Wir lösen schwierige Gleichungen
- ■ 69 **Wiederholen und sichern**
- ■ 70 Bayern in Zahlen
- ■ 72 Mathe-Meisterschaft

73 Geometrie I

- 74 **Geometrische Figuren und Beziehungen**
- 74 Wir zeichnen und messen mit dem Geodreieck
- 75 Wir zeichnen Geraden und Strecken
- 77 Wir unterscheiden senkrechte und parallele Linien
- 78 Wir zeichnen senkrechte und parallele Geraden mit dem Geodreieck
- 80 Wir zeichnen und messen Abstände
- 81 Wir arbeiten mit dem „Viereck-Baukasten"
- 82 Wir erkennen besondere Vierecke: Rechteck und Quadrat
- 83 Wir spannen Strecken und Vierecke auf dem Geobrett
- 84 Wir untersuchen Flächen: Rechteck und Quadrat
- 86 **Wir untersuchen Körper**
- 86 Wir vergleichen Kantenmodelle und Schrägbilder

88	Wir zeichnen Netze von Würfeln und Quadern	130	Wir berechnen den Umfang von Rechteck und Quadrat
90	Wir lernen Beziehungen im Gitternetz kennen	132	Wir messen Flächeninhalte
91	Wir vergrößern und verkleinern maßstabsgetreu	135	Wir geben Flächeninhalte in verschiedenen Maßeinheiten an
92	Wir entdecken Symmetrie	137	Wir bestimmen Flächeninhalte
93	Wir stellen achsensymmetrische Figuren her	140	Wir messen und zeichnen im Maßstab
■ 95	**Wiederholen und sichern**	■ 141	**Wiederholen und sichern**
■ 97	Mathe-Meisterschaft	■ 143	Mathe-Meisterschaft
■ 98	Streichholz-Rätsel	**144**	**Sachbezogene Mathematik**
100	**Brüche**	145	**Sachrechen-Lehrgang**
101	**Konkrete Brüche**	145	Wir stellen Fragen und beantworten sie: Reisen mit der Bahn
101	Wir stellen Brüche her	146	Achtung, Sonderangebote!
107	Wir untersuchen Bruchteile von Längen	147	Wir entwickeln und nützen Lösungshilfen
108	Wir untersuchen Bruchteile von Gewichten	151	Wir überprüfen Ergebnisse mithilfe von Überschlagsrechnungen
109	Wir untersuchen Bruchteile von Geldbeträgen	152	Wir legen Rechenschritte fest, stellen sie übersichtlich dar
110	Wir addieren und subtrahieren Bruchteile	153	Wir wechseln Geld
■ 112	**Wiederholen und sichern**	154	Wir addieren und subtrahieren Geldbeträge
113	**Konkrete Dezimalbrüche**	155	Wir multiplizieren und dividieren Geldbeträge
113	Wir schreiben Geldbeträge mit Komma	■ 156	**Wiederholen und sichern**
115	Wir schreiben Gewichte mit Komma	157	**Aufgaben aus verschiedenen Bereichen**
117	Wir schreiben Längen mit Komma	157	Wir rechnen mit Gewichten und Rauminhalten
119	**Konkrete Dezimalbrüche addieren und subtrahieren**	159	Wir rechnen mit Zeiten
119	Wir addieren und subtrahieren Geldbeträge	160	Wir rechnen mit Längen
120	Wir addieren und subtrahieren Gewichte	162	Wir rechnen mit Flächeninhalten
121	Wir addieren und subtrahieren Längen	163	Wir vergleichen Lösungswege und überprüfen Ergebnisse
■ 123	**Wiederholen und sichern**	164	Wir verändern Angaben
■ 124	In der Stadt	165	Sachfeld Einkaufen
■ 125	Mathe-Meisterschaft	166	Sachfeld Freizeit
126	**Geometrie II**	168	Lösungen: Wiederholung
126	**Längen; Umfang und Flächeninhalt von Rechteck und Quadrat**	176	Lösungen Mathe-Meisterschaft
127	Wir schätzen und messen Längen	178	Lösungen: Bist du fit?
128	Wir können Längen verschieden aufschreiben	179	**Bausteine zum Grundwissen**
		179	Regeln und Gesetze
		181	Grundwissen Geometrie
		183	Größen und Maßeinheiten
		184	Bildnachweis

Das kannst du schon

1 Notiere die Zahlen ins Heft.

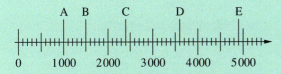

2 Übertrage die Tabelle ins Heft und ergänze.

Nachbar-hunderter	Zahl	Nachbar-einer	Nachbar-tausender
521 300	521 399		
	203 400	203 401	
		600 000	601 000

3 a) Welcher Körper kann so abgebildet werden?
b) Auf welcher Seitenfläche steht er dann? Benenne ihre Eckpunkte.

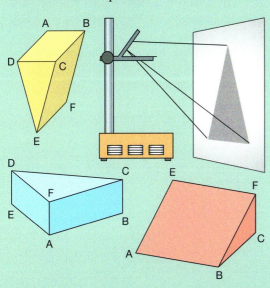

4 Rechne schriftlich und mache die Probe.
a) 32 620   102 337   ▢7▢3▢   ▢9 98▢
   + 44 593   − 98 791   + 12 2▢3   − 7▢8▢8
                                   6▢ 387   11 ▢11

b) 654 · 7   344 · 12   769 · 8
   5000 : 4   1350 : 5   585 : 13
   4249 · 37   17 · 3048   1217 · 15
   50 480 : 8   37 089 : 9   19 680 : 16

5 Herr Wirth zahlt Raten für sein Auto. Pro Monat fallen 199 € an. Der Vertrag läuft über 24 Monate.

6 Finde Rechenfragen und rechne.

7 Übernachtungen mit Frühstück	Felsenheim Kössler	Pension Diepold
Erwachsene	210 €	280 €
Kinder bis 12	140 €	95 €

7 Ergänze auf die angegebene Maßeinheit.
a) 250 ml auf 1 l   680 m auf 1 km
b) $\frac{1}{4}$ kg auf 1 kg $\frac{1}{2}$ l auf 1 l
c) 27 min auf 1 h   860 kg auf 1 t
d) 0,35 l auf 1 l   34 Cent auf 1 €
e) 12 mm auf 1 dm   57 l auf 1 hl
f) 750 g auf 1 kg   89 cm auf 1 m

8 Die Klasse 5 a hat 28 Schüler. Im Schullandheim kosten 5 Übernachtungen für alle 2100 €.

9 Welche Figur ist ein Quadernetz?
a)   b)   c)

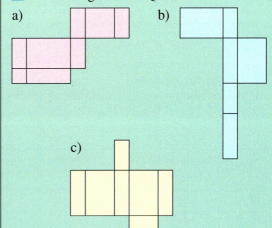

Wir wiederholen

1 Der Elternbeirat gibt für die Klassenfahrten der 5. Klassen einen Zuschuss von insgesamt 460 €.

Klasse 5 a	32 Schüler
Klasse 5 b	29 Schüler
Klasse 5 c	31 Schüler

Wie viel Zuschuss bekommt jeder Schüler?

2 a) Wie viele kleine Würfel sind schon verbaut?
b) Wie viele kleine Würfel brauchst du noch, um vollständige Würfel herzustellen?

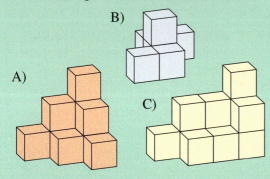

3 Übertrage ins Heft und spiegle erst an der roten, dann an der blauen Achse.

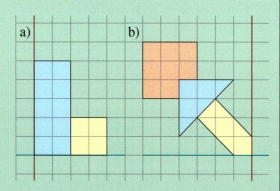

4 Erstelle ein Schaubild.
Verkehrszählung vom 20. Juni 2004,
8.00 – 8.30 Uhr; Friedrich-Ebert-Straße

	stadteinwärts	stadtauswärts
Autos	卌 卌 卌 卌 卌 II	卌 卌 IIII
Fahrräder	卌 卌 卌 III	
Busse	卌 III	II
LKW	卌 卌 卌 IIII	卌 卌 I

5 Was passt zusammen?
Lege eine Tabelle an.
Kochzeit für ein Ei
Inhalt einer Flasche
Dauer einer Unterrichtsstunde
Länge des kleinen Fingers
Inhalt eines Kofferraums
Inhalt eines kleinen Wassereimers
Gewicht eines Schlagballs
Gewicht eines Säckchens Kartoffeln
Länge des Schulwegs
Dauer einer Fernsehsendung
Höhe eines Fensters
Gewicht eines Medizinballs

Maßangaben: 5 cm, 5 l, 5 kg, 5 min, 0,75 l, 45 min, 2 m, 2 km, keine passende Maßangabe vorhanden.

Maßangabe	das kann passen
5 min	Kochzeit für ein Ei

6 Herr Fischer kauft einen Laptop für 2799 €. Er zahlt 524 € an, den Rest in 12 Raten zu je 200 €.
a) Zeichne ein Streifenschaubild als Lösungshilfe.
b) Wie hoch ist der Preis des Computers bei Ratenzahlung?
c) Wie groß ist der Preisunterschied zwischen Bar- und Ratenzahlung?

7 Wenn ich eine Zahl durch 4 teile, erhalte ich 53 606.

8 Ordne zu: +, −, ·, :, =.
Vermehren, vervielfachen, ergibt, dividieren, multiplizieren, teilen durch, dazuzählen, Ergebnis, ein Viertel von

9 Suche die Fehler. Verbessere im Heft.

```
   2354        101784      6885 : 15 = 458
+19841        + 94399      60
 23185        196285       ‾‾
                            88
                            75
                           ‾‾
                           135
   8723       320 · 19     135
 − 4812       320          ‾‾‾
 ‾‾‾‾         2880
  4911        3200
```

Wir wiederholen

1 Berechne.
a) 1368 : 4   29 008 · 19   58 426 + 6248
b) 6382 − 1312   7006 · 96   3780 : 18
c) 7326 − 2017   17 926 · 27   6840 : 15

2 Finde Rechenaufgaben.

Bäckerei Schatz	Euro
1 kg Schwarzbrot	1,85
1 kg Bauernkruste	2,33
1 Stange Weißbrot	1,90
1 Semmel	0,75
1 Brezel groß	1,25
1 kg Vollkornbrot	2,65
1 kg Mischbrot	1,37

3 Zeichne ein Streifenmodell als Lösungshilfe.

4 Zeichne zu Aufgabe 3 einen Rechenplan, finde eine Rechenaufgabe und rechne.

5 Gib die Verschiebungsvorschrift an.
a)   b)

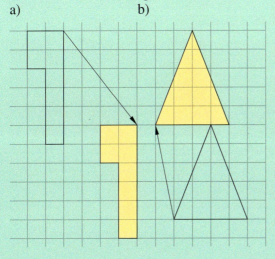

6 Gebrauchtwagenmarkt.

Welche Aussage passt zu welchem Fahrzeug? Begründe deine Antwort.
a) 25 000 € möchte ich nicht ausgeben.
b) Über 21 500 € kann ich verhandeln.
c) Fast 16 000 € sind für dieses Auto zu teuer.
d) Für knapp 5000 € schaut der Wagen noch ganz gepflegt aus.
e) Ich muss noch verhandeln, denn mehr als 12 000 € möchte ich nicht ausgeben.
f) 15 000 € kann ich mir gerade noch leisten.

7 Drei Zahlen, vier Aufgaben.
Beispiel: 240, 60, 4
60 · 4 = 240   4 · 60 = 240
240 : 4 = 60   240 : 60 = 4

a) 6, 80, 480   e) 7, 50, 350   i) 4, 90, 360
b) 60, 70, 4200 f) 30, 90, 2700 j) 20, 40, 800
c) 50, 90, 4500 g) 70, 8, 560   k) 90, 40, 3600
d) 300, 7, 2100 h) 6, 700, …   l) 3000, 400, …

8 Erkläre das Schaubild und stelle die ermittelten Zahlenwerte in einer Tabelle dar.

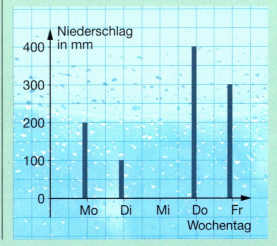

Wir wiederholen

1 Setze die Zahlenfolgen um vier Zahlen fort.
a) 700, 705, 715, 730, 750, …
b) 8014, 8024, 8019, 8029, 8024, …
c) 7, 210, 630, 1890, …
d) 40, 80, 70, 140, 130, 260, …

2 Benenne und beschreibe die Körperformen. Arbeite mit folgender Tabelle.

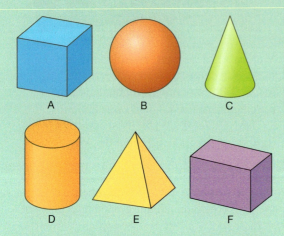

	A	B	C	D	E	F
Name						
Ecken						
Kanten						
Seitenflächen						

3 <, >, = ? Überschlage zuerst.
a) 28 936 + 4449 ◯ 40 750 − 7897
b) 4 · 2901 ◯ 50 · 311
c) 4200 : 70 ◯ 6600 : 100
d) 76 401 : 9 ◯ 8489 · 9

4 a) Addiere zur kleinsten sechsstelligen Zahl die größte fünfstellige Zahl.
b) Subtrahiere von 876 412 die Summe von 360 204 und 7700.
c) Verdopple 365 763 und subtrahiere das Ergebnis von einer Million.
d) Multipliziere die Hälfte von 482 422 mit 5.
e) Halbiere 420 und multipliziere mit 12.
f) Bilde die Summe von 10 103 und 4799. Subtrahiere davon die Differenz aus 8701 und 509.

5 Löse durch ein Pfeilbild.

Im Bahnhof Bayreuth begegnen sich ein Güterzug und ein Intercity Express. Beide fahren in entgegengesetzter Richtung weiter. Der Güterzug legt in einer Stunde 80 km zurück, der ICE fährt in dieser Zeit 240 km. Wie weit sind sie nach einer dreiviertel Stunde voneinander entfernt?

6 Überprüfe die Ergebnisse.
a) 4283 − 2164 = 2119
b) 246 500 + 651 300 = 897 800
c) 6410 − 2949 = 4571
d) 37 600 + 46 250 = 838 700
e) 958 413 − 716 022 = 243 419

7 Prüfe mit dem Geodreieck: Senkrecht oder parallel?

a)

b)
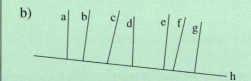

8 Welche Linien sind Symmetrieachsen?

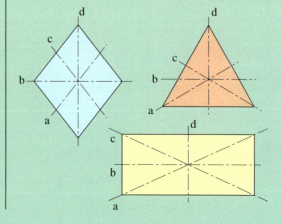

Natürliche Zahlen

1 045 030
53 863 124
9 571 530
10 487 095
25 033 220
100 000 000

Wie weit?

Wie viele?

Wie groß?

In diesem Kapitel beschäftigen wir uns mit den **natürlichen Zahlen**. Das sind alle ganzen Zahlen 0, 1, 2, 3, 4, … Beim Zählen sagen wir diese Zahlen der Reihe nach auf. Die Punkte bedeuten, dass die Reihe immer weitergeht.

Erweiterung des Zahlenraums, Zahlbeziehungen, Runden

Wir stellen große Zahlen dar

Überall im Alltag begegnen wir Zahlen

So wie man Wörter aus Buchstaben zusammensetzt, werden **Zahlen** aus **Ziffern** gebildet. Mit den Ziffern 1, 2, 3, 4, 5, 6, 7, 8, 9 und 0 können wir Zahlen leicht darstellen.

Sobald eine Ziffer in einer Zahl steht, nimmt sie eine ganz bestimmte Stelle in der Stellenwerttafel ein und erhält dadurch einen bestimmten **Stellenwert** (z. B. 4 Hunderter = 400).

Ziffernwert	Stellenwert	Zahl
2	Einer (E)	2
3	Zehner (Z)	30
4	Hunderter (H)	400
6	Tausender (T)	6000
⋮	⋮	6432

Unser Stellenwertsystem ist ein Zehnersystem, weil jeweils 10 Einheiten zu einer neuen größeren Einheit gebündelt werden.

| 10 E = 1 Z | 10 Z = 1 H | 10 H = 1 T | 10 T = 1 ZT | ... |

Abgeleitet vom lateinischen „decem" für „zehn" heißt es auch **Dezimalsystem**.

Stellenwertschreibweise

Stromzähler

Wasseruhr

Gaszähler

In einem Zählwerk sind Rädchen nebeneinander angeordnet. Auf jedem dieser Rädchen stehen die Ziffern 0, 1, 2, 3, 4, 5, 6, 7, 8, 9. Immer, wenn ein Rädchen zehn Zählschritte gemacht hat, rückt das links daneben liegende Rädchen um einen Zählschritt weiter.

Zählwerk

Große Zahlen kann man in einer **Stellenwerttafel** übersichtlich darstellen.

Beispiel

Mio.			T					
H	Z	E	H	Z	E	H	Z	E
			2	5	8	3	1	9

Übungen

1 Wie heißen die Zahlen? Lies sie laut vor.
a) 55 000
b) 437 000
c) 1 000 000
d) 7 000 000
e) 12 000 000
f) 130 000 000

2 Manche Autos haben Kilometerzähler mit fünf Stellen, manche mit sechs Stellen. Bis zu welcher Kilometerzahl werden hierbei die gefahrenen Kilometer angezeigt?
Worin besteht der Vorteil einer sechsstelligen Kilometeranzeige für den Kauf eines Gebrauchtwagens?

3 Schreibe zu Hause den Stand einiger Zählwerke auf. Denke an die Wasseruhr, den Stromzähler, den Kilometerzähler am Fahrrad …

4 Lies die Zahlen in der folgenden Stellenwerttafel.

Millionen			Tausender					
Hundert	Zehn	Eine	Hundert-	Zehn-	Ein-	Hunderter	Zehner	Einer
					7	4	3	6
				3	0	4	3	1
			5	0	0	1	2	0
			9	6	4	9	0	0
		1	4	0	0	1	0	0
	2	4	0	0	0	4	2	4
2	7	6	4	2	9	6	0	0
3	2	4	3	9	6	7	0	5

5 Trage die Zahlen in eine Stellenwerttafel ein und lies die Zahlen.
a) 1579 f) 426 778 k) 6 278 000
b) 3200 g) 567 426 l) 40 007 239
c) 12 036 h) 637 824 m) 77 242 473
d) 47 900 i) 5 542 100 n) 157 829 764
e) 59 007 j) 8 090 259 o) 238 373 591

6 Lies die Zahlen der Zählwerke ab. Welche Zahl wird als nächste angezeigt?
a)   c)
147 395   294 999
b)   d)
263 349   099 999

7 Gib von folgenden Zahlen die vorangehende Zahl (*Vorgänger*) und die nachfolgende Zahl (*Nachfolger*) an.
a) 20 470 d) 10 000 g) 999 999
b) 46 200 e) 80 999 h) 9 999 990
c) 79 900 f) 30 199 i) 3 999 999

8 *Wortmonster*
Schreibe mit Ziffern.
a) siebzehntausendvierhundertdreizehn
b) eine Million siebenhundertdreiundfünfzigtausend
c) dreißig Millionen siebzehntausend
d) fünf Millionen einhundertfünfzigtausend

9 Spiele mit deinem Partner das Würfelspiel: „Wer hat die größere Zahl?" Jeder Spieler würfelt dreimal und notiert in eine Stellenwerttafel.
Beispiel:

10 Zeichne eine Stellenwerttafel bis HT. Trage folgende Zahlen ein und lies sie.
a) 3 HT + 4 ZT + 0 T + 5 H + 9 Z + 7 E
b)   5 ZT + 8 T + 7 H + 1 Z + 3 E
c) 5 HT + 0 ZT + 3 T + 0 H + 9 Z + 5 E
d) 7 HT + 3 ZT + 5 T + 3 H + 0 Z + 0 E

11 Auf Quittungen, Schecks und anderen Formularen werden die €-Beträge auch in Zahlwörtern angegeben. Kannst du dir den Grund dafür denken?

12 Schreibe in Worten.
a) 532 d) 2043 g) 10 181
b) 689 e) 4571 h) 85 300
c) 1205 f) 53 i) 2003

13 Schreibe die folgenden €-Beträge mit Ziffern in einen Bankscheck.
a) vierhundertfünfzig €
b) siebenhundertdreiundvierzig €
c) viertausendzweihundert €
d) sechstausenddreihundertneunzig €
e) zwölftausendneunhundertachtzig €

Wir arbeiten im Zahlenraum der Milliarde

Wir schreiben die Bevölkerungszahlen der Erdteile (Stand: 2003) in eine Stellenwerttafel.

Milliarden			Millionen			Tausender					
Hundert	Zehn	Eine	Hundert-	Zehn-	Ein-	Hunderter	Zehner	Einer
			7	2	7	0	0	0	0	0	0
			8	6	3	0	0	0	0	0	0
			8	6	1	0	0	0	0	0	0
				3	2	0	0	0	0	0	0
		3	8	3	0	0	0	0	0	0	0

Europa: 727 Millionen Einwohner →
Amerika: 863 Millionen Einwohner →
Afrika: 861 Millionen Einwohner →
Australien: 32 Millionen Einwohner →
Asien: 3830 Millionen Einwohner →

Die Bevölkerungszahl von Asien können wir nicht in unsere Stellenwerttafel schreiben. Darum führen wir einen neuen Stellenwert für „1000 Millionen" ein. An Stelle von 1000 Millionen sagt man **1 Milliarde**. In Asien leben 3 Milliarden 830 Millionen Menschen.

> 1 Milliarde (1 Mrd.) = 1 000 000 000

Um große Zahlen gut lesen zu können, teilt man sie (von rechts) in Deiergruppen ein.

3 830 000 000

3 830 000 000

Übungen

1 Übertrage die Stellenwerttafel in dein Heft und trage die folgenden Zahlen ein.

Beispiel:
12 Milliarden = 12 000 000 000

Milliarden			Millionen			Tausender					
Hundert	Zehn	Eine	Hundert-	Zehn-	Ein-	Hunderter	Zehner	Einer
	1	2	0	0	0	0	0	0	0	0	0

a) 435 Milliarden
b) 5 000 000 000
c) 15 Milliarden
d) 16 365 000 000
e) 14 700 500 300
f) 346 500 843 750

2 Lies die Zahlen in deiner Stellenwerttafel zu Aufgabe 1 vor.

3 Setze die Zahlenfolgen fort.
a) 2 000 000 000, 3 000 000 000, 4 000 000 000, …
b) 5 500 000 000, 6 000 000 000, 6 500 000 000, …
c) 3 100 000 000, 3 200 000 000, 3 300 000 000, …

4 Zerlege in Milliarden (Mrd.), Millionen (Mio.), Tausender (T), Einer (E). Lies die Zahlen.

Beispiel: 52 147 396 425
= 52 Mrd. + 147 Mio. + 396 T + 425 E

a) 4 780 642 587
b) 8 040 720 004
c) 53 004 401 700
d) 23 576 253 442
e) 140 500 000 426
f) 275 000 504 000
g) 830 920 001 200
h) 999 888 777 666

*Wir arbeiten im Zahlenraum der Billion

Eine Milliarde ist eine kaum vorstellbar große Zahl. In manchen Bereichen treten aber noch größere Zahlen auf: Der unserem Sonnensystem nächste Stern ist 40 000 Milliarden Kilometer entfernt. Für diese riesige Zahl müssen wir unsere Stellenwerttafel noch einmal erweitern.

	Billionen			Milliarden			Millionen			Tausender					
	H	Z	E	H	Z	E	H	Z	E	H	Z	E	H	Z	E
40 000 Milliarden →		4	0	0	0	0	0	0	0	0	0	0	0	0	0

Wir haben bereits gelernt: 1000 Tausender ergeben 1 Million, 1000 Millionen ergeben 1 Milliarde. Wir führen einen neuen Stellenwert für „1000 Milliarden" ein. Für 1000 Milliarden sagt man **1 Billion**. Der nächste Stern ist also 40 Billionen Kilometer von uns entfernt.

> 1 Billion (1 Bio.) = 1 000 000 000 000

Stellenwerttafel:

Bio.			Mrd.			Mio.			T					
H	Z	E	H	Z	E	H	Z	E	H	Z	E	H	Z	E

Übungen

1 Übertrage die Stellenwerttafel in dein Heft und trage die folgenden Zahlen ein.
a) 4 Billionen d) 39 Billionen
b) 9 Billionen e) 198 000 000 000 000
c) 12 Billionen f) 212 000 000 000 000

Beispiel:
76 Billionen = 76 000 000 000 000 →

Billionen			Milliarden			Millionen			Tausender					
Hundert	Zehn	Eine	Hundert	Zehn	Eine	Hundert-	Zehn-	Ein-	Hunderter	Zehner	Einer			
7	6	0	0	0	0	0	0	0	0	0	0			

2 Zähle zehn Zahlen in der Reihe weiter.
a) 700 000 000 000, 800 000 000 000, …
b) 5 000 000 000 000, 6 000 000 000 000, …
c) 1 400 000 000 000, 1 600 000 000 000, …

3 Die Zahl 1387641988 kannst du besser lesen, wenn du sie in Dreierpäckchen schreibst: 1 387 641 988. Schreibe diese Zahlen ebenso und lies sie laut vor.
a) 45268334195   d) 50102030408061
b) 1352466113214 e) 452680073142500
c) 5010203040806 f) 500600724083410

> **!** Die Stellenwerttafel hört nicht bei der Billion auf. Wissenschaftler rechnen mit noch größeren Zahlen.
> Die Stellenwerttafel wird erweitert.
> 1 Billiarde   1 mit 15 Nullen
> 1 Trillion   1 mit 18 Nullen
> 1 Trilliarde   1 mit 21 Nullen
> 1 Quadrillion   1 mit 24 Nullen
> 1 Quadrilliarde 1 mit 27 Nullen
> ⋮

Zerlegen von Zahlen, Zahlbeziehungen

Wir zerlegen Zahlen

Herr Huber kauft eine Stereoanlage im Wert von 1634 €.
Die Kassiererin legt die Scheine in die entsprechenden Fächer ihrer Kasse.

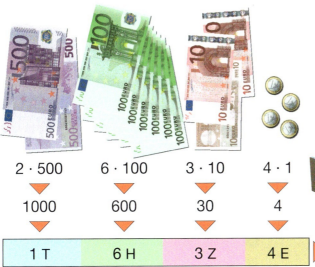

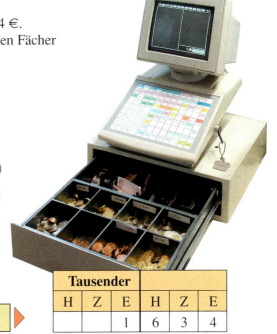

Beispiel

24 577 = 24 T 577 E	= 2 ZT	+ 4 T	+ 5 H	+ 7 T	+ 7 E
	= 2 · 10 000	+ 4 · 1000	+ 5 · 100	+ 7 · 10	+ 7 · 1
	= 20 000	+ 4000	+ 500	+ 70	+ 7

Übungen

1 Zerlege folgende Zahlen in Hunderter (H), Zehner (Z) und Einer (E).

Beispiel: 435
= 4 H + 3 Z + 5 E
= 4 · 100 + 3 · 10 + 5 · 1
= 400 + 30 + 5

a) 387 c) 573 e) 689
b) 503 d) 369 f) 806

2 Zerlege folgende Zahlen in Hunderttausender (HT), Zehntausender (ZT), Tausender (T), Hunderter (H), Zehner (Z) und Einer (E).
a) 536 804 c) 804 346
b) 748 988 d) 336 025

3 Zerlege in Tausender (T) und Einer (E).
Beispiel: 15 845
= 15 T + 845 E

a) 345 807 c) 422 655 e) 742 027
b) 183 213 d) 596 003 f) 502 000

4 Zerlege in Milliarden (Mrd.), Millionen (Mio.), Tausender (T) und Einer (E).
a) 3 523 456 701 d) 46 678
b) 103 456 002 e) 205 476 103
c) 14 305 687 122 f) 701 345 981 050

5 Schreibe die Zahlen.
a) 600 000 + 50 000 + 3000 + 200 + 50 + 7
b) 300 000 + 80 000 + 9
c) 2 000 000 + 300 000 + 1000 + 30 + 5

Wir entdecken Zahlbeziehungen

Zwischen Zahlen kann man viele Zusammenhänge entdecken.

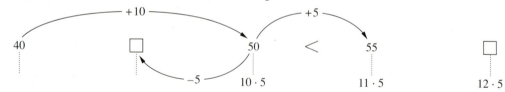

Übungen

1 Ziffern wandern durch die Stellenwerttabelle.

Tausender					
H	Z	E	H	Z	E
1	5	0	0	0	0
	1	5	0	0	0
		1	5	0	0
			1	5	0
				1	5

Vergleiche die Zahlen. Wie ändert sich ihr Wert?

2 Übertrage die Tabelle in dein Heft und setze sie fort. Vergleiche die Zahlen.

Millionen			Tausender					
H	Z	E	H	Z	E	H	Z	E
							7	8
						7	8	0
					7	8	0	0

3 Schreibe die Zahlen.

Millionen			Tausender					
H	Z	E	H	Z	E	H	Z	E
					23			1
				50			33	
				12		3		8
				8				
	52			4	13		80	
		44		11			56	

4 Verknüpfe die Zahlen mit +, −, =, <, >.
Beispiel: 172 / 178
172 + 6 = 178
178 − 172 = 6
178 > 172
....
a) 307 / 409   b) 8500 / 8430
c) 635 200 / 595 200   d) 28 / 39 / 54

5 Verknüpfe die Zahlen mit ·, :, =, <, >.
Beispiel: 8 / 56
8 · 7 = 56
56 : 8 = 7
....
a) 12 / 60   b) 56 / 28
c) 200 / 800   d) 103 / 309
e) 450 000 / 900 000   f) 3500 / 10 500

6

Mit welchen Scheinen und Münzen kannst du diese Beträge bezahlen?
a) 623 €   b) 10 € 75 Cent
c) 240 € 50 Cent   d) 5380 €

Wir schätzen und bestimmen große Anzahlen

Eine SMS darf bei Daniels Handy 160 Zeichen (mit Leerzeichen) lang sein. Muss er seine Nachricht kürzen?

> Um eine Anzahl genau bestimmen zu können, muss man sie zählen.
> Um große Anzahlen abschätzen zu können, kann man eine kleine Menge zählen und dann hochrechnen.

Beispiel

In 1 Zeile passen etwa ▨ Zeichen.

Das SMS ist etwa 10 Zeilen lang.   10 · ▨ = ▨.

Es sind etwa ▨ Zeichen.

Übungen

1

Wie viele km ist Nürnberg von München (Luftlinie) entfernt? Schätze zuerst und miss dann mit dem Lineal ab. Vergleiche.

2

Wie viele CDs stehen in diesem Regal?

3 Aus einem Zeitungsbericht: „Nach Angaben der Veranstalter nahmen an der Kundgebung etwa 40 000 Menschen teil. Die Polizei geht aber nur von 25 000 Teilnehmern aus."

Wir runden Zahlen

Wie Häuser in den Himmel wachsen!

Wolkenkratzer kamen vor rund 100 Jahren in Mode, weil immer mehr Menschen in die Städte zogen. „Bauen wir halt in die Höhe!", sagten die Architekten. 1885 wurde in Chicago der erste Wolkenkratzer mit einer Höhe von ungefähr 50 m gebaut. 1931 entstand in New York das „Empire State Building" mit einer Höhe von rund 380 m. Es war ungefähr 40 Jahre lang das höchste Bauwerk der Welt. In den USA wurden übrigens viele Wolkenkratzer von Indianern gebaut, nicht weil sie schwindelfreier sind als wir, sondern einfach viel mutiger. In Australien wird ein Haus gebaut, das fast 700 Meter hoch werden soll mit 113 Stockwerken, 50 Fahrstühlen und 300 Zimmern.

Große Zahlen mit vielen verschiedenen Ziffern können wir uns nicht gut merken.
Solche Zahlen runden wir daher oft auf Zehner oder Hunderter oder Tausender oder …, weil wir sie dann besser behalten können.

> Um einheitlich zu runden wurde eine Regel festgelegt.
> Wenn wir auf **v**olle **Z**ehner runden wollen, schauen wir auf die **E**iner.
> Wenn wir auf **v**olle **H**underter runden wollen, schauen wir auf die **Z**ehner.
> Wenn wir auf **v**olle **T**ausender runden wollen, schauen wir auf die **H**underter.
>
> Ist die **E**inerziffer, **Z**ehnerziffer, **H**underterziffer, … 0, 1, 2, 3, 4, dann wird **abgerundet**.
> Ist die **E**inerziffer, **Z**ehnerziffer, **H**underterziffer, … 5, 6, 7, 8, 9, dann wird **aufgerundet**.
>
> Beim Runden verwenden wir das Zeichen ≈ („ungefähr", „rund").

Beispiele

a) Runden auf volle Zehner:

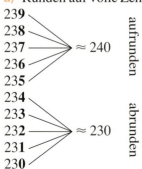

239, 238, 237, 236, 235 ≈ 240 (aufrunden)
234, 233, 232, 231, 230 ≈ 230 (abrunden)

b) Runden auf volle Hunderter:

1 763 km ≈ 1 800 km
1 747 km ≈ 1 700 km
15 950 € ≈ 16 000 €
15 949 € ≈ 15 900 €

c) Runden auf volle Zehntausender:

785 000 ≈ 790 000
465 609 ≈ 470 000
123 687 047 ≈ 123 690 000

Runden _____**19**

Übungen

1 Annas Schulweg ist 2 km 375 m lang. Anna wurde am 19. Juli 1995 geboren. Ihr Heimatort Kempten hat 67 485 Einwohner (Stand Januar 2003). Ihre Postleitzahl ist 87 435. Welche Zahlen darfst du runden?

2 Fülle die Lücken mit deinen Angaben. Verwende genaue oder gerundete Zahlen.
a) Mein Schulweg ist ▨ km lang.
b) Ich wurde am ▨ geboren.
c) Mein Heimatort hat ▨ Einwohner.
d) Meine Postleitzahl lautet ▨ .

3 Runde auf volle Zehner.
a) 43   d) 368   g) 991   j) 6478
b) 87   e) 931   h) 999   k) 7821
c) 362   f) 978   i) 7342   l) 84 539

4 Runde auf volle Hunderter.
a) 113   b) 368   c) 1430   d) 84 539

5 Runde die Zahlen im Tausendfüßler auf volle Tausender.

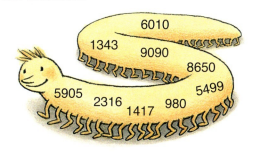

6 Berge in den Allgäuer Alpen.

a) Die Höhenangaben der Berge sind nicht gerundet. Woran erkennst du das?
b) Runde die Höhen sinnvoll.

7 Runde auf volle Euro.

Das sind **rund** ▨ €.

8 Die Zahlen kann man sich ja wirklich nicht merken!

Bist du fit?

1. a) 523 + 2831 + 604   b) 45 208 + 1007 + 356 892   c) 65 912 – 48 382

2. a) 358 · 3   b) 2347 · 51   c) 405 · 79   d) 2496 · 84

3. a) 456 : 4   b) 9261 : 9   c) 6156 : 12   d) 7290 : 18

4. a) 74 —+58→ ▨   c) 654 —+▨→ 893   e) ▨ —−74→ 285
   b) ▨ —+342→ 458   d) 135 —−▨→ 12   f) 877 —−495→ ▨

5. Max sagt: „Ich habe mir eine Zahl ausgedacht. Wenn ich 8 addiere und das Ergebnis mit 5 multipliziere erhalte ich genau 100."

Schaubilder deuten und erstellen

Wir arbeiten mit verschiedenen Schaubildern

Wenn man Zahlen übersichtlich miteinander vergleichen will, dann stellt man sie oft in **Schaubildern** dar.

Beispiel

a)

Schaubilder mit **Bildzeichen** heißen **Zeichenschaubilder**.
Jedes Zeichen steht für eine bestimmte **Menge**.

b) Wir vergleichen die Längen verschiedener Flüsse miteinander in einem Schaubild. Die gerundeten Flusslängen werden durch die Längen von Streifen veranschaulicht.

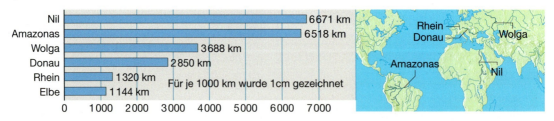

So wurde das Diagramm für die Flusslängen mit dem PC erstellt:

	A	B	C	D	E	F
1	Elbe	Rhein	Donau	Wolga	Amazonas	Nil
2	1144	1320	2850	3688	6518	6671

Schaubilder deuten und erstellen — 21

In diesem Schaubild sind die Niederschlagsmengen deutscher Städte dargestellt. Für je 200 mm wurde 1 cm gezeichnet.

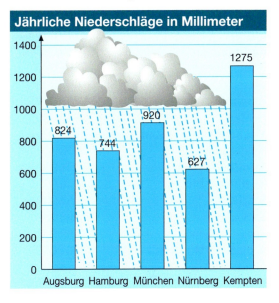

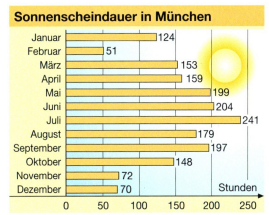

Schaubilder mit **Balken** heißen **Balkenschaubilder** oder **Balkendiagramme**. Sie stellen Größen anschaulich dar. Wir unterscheiden zwischen waagrechten Darstellungen (Streifen) und senkrechten Darstellungen (Säulen).

Übungen

1 Stelle die Bevölkerungszahlen (2003) folgender Länder mit Hilfe von Bildzeichen dar. Zeichne für je zehn Millionen Einwohner ein 🕺. Runde entsprechend.
Deutschland 82 Millionen, Frankreich 59 Millionen, Spanien 39 Millionen, Großbritannien 60 Millionen, Italien 58 Millionen, Schweden 9 Millionen.

2 Entnimm dem Schaubild, wie viele Nachkommen die verschiedenen Tierarten durchschnittlich pro Jahr haben.

3 Stelle die Höhen folgender bekannter Bauwerke in einem Balkendiagramm dar.
Empire-State-Building (New York) 380 m
Eiffelturm (Paris) 320 m
Stuttgarter Fernsehturm 212 m
Ulmer Münster 161 m
Olympiaturm (München) 290 m
Zeichne 1 cm für je 100 m Höhe. Runde.

4 Vergleiche die Bevölkerungszahlen folgender Erdteile in einem Balkendiagramm: Europa 727 Millionen, Amerika 863 Millionen, Afrika 861 Millionen, Australien 32 Millionen. Runde die Zahlen auf 10 Millionen.

5 Sammle Schaubilder aus Zeitungen und klebe sie in dein Heft. In welchen Schaubildern werden Bildzeichen benutzt, welche sind Säulenschaubilder?
Treten auch andere Schaubilder auf?

Wiederholen und sichern

1 Zähle zehn weiter.
a) 3495, 3496, …   b) 99 997, 99 998, …

2 Schreibe mit Ziffern und vergleiche mit deinem Nachbarn.
a) siebentausenddreihundertzwölf
b) sechshunderttausendneunhundertelf

3 Ordne die Länder der Größe nach und zeichne ein Balkenschaubild. Die Zahlen sind gerundet (1 km² = 1 Quadratkilometer).
Kanada   10 000 000 km²
China   9 500 000 km²
Russland 17 075 000 km²
USA   9 400 000 km²

4 Schreibe alle vierstelligen Zahlen auf, die du mit den Ziffernkärtchen legen kannst. Es sind zwölf Zahlen möglich. Ordne die Zahlen der Größe nach.

5 Schreibe mit Zahlwörtern.
a) 981   c) 4503   e) 1 390 500
b) 5712   d) 150 600 f) 12 980 396 002

6 Ordne folgende Zahlen der Größe nach. Beginne mit der kleinsten Zahl.
a) 1734, 238, 4316, 87, 721, 912
b) 13 412, 9832, 15 976, 198, 11 329, 9999

7 Rechne folgende Aufgaben, runde vor dem Ausrechnen auf Zehner.
Gib auch das genaue Ergebnis an.
a) 67 + 34   c) 112 − 101   e) 32 · 68
b) 197 + 64   d) 486 − 239   f) 81 · 79

8 Runde auf Millionen: 776 678, 1 583 906, 99 499 999, 702 473 989, 576 987 444 003, 3 742 915 023

9 Zeichne ein Schaubild für die Einwohnerzahl der deutschen Bundesländer (2003). Runde zuvor. 👤 bedeutet 1 Mio. Einwohner.

Baden-Württemberg	10 587 000
Bayern	12 310 000
Berlin	3 388 000
Brandenburg	2 594 000
Bremen	660 000
Hamburg	1 726 000
Hessen	6 076 000
Mecklenburg-Vorpommern	1 763 000
Niedersachsen	7 950 000
Nordrhein-Westfalen	18 041 000
Rheinland-Pfalz	4 046 000
Saarland	1 067 000
Sachsen	4 393 000
Sachsen-Anhalt	2 589 000
Schleswig-Holstein	2 801 000
Thüringen	2 415 000

10 Verknüpfe die Zahlen mit +, −, ·, :. Es gibt dabei verschiedene Möglichkeiten.
a) 14 / 70   e) 64 / 16 / 80
b) 120 / 40   f) 75 / 25 / 3
c) 810 / 9   g) 4300 / 2200 / 2100
d) 35 000 / 105 000 h) 520 000 / 1 040 000

11 Bei einem Fußballspiel wurden 16 212 Sitzplatzkarten und 36 938 Stehplatzkarten verkauft. Außerdem wurden noch 1296 Freikarten ausgegeben. Das Stadion bietet für 62 500 Zuschauer Platz.
a) Berechne im Kopf mit gerundeten Zahlen, wie viele Karten verkauft wurden.
b) Berechne die genaue Zahl der freien Plätze.

12 Eine Schülergruppe einer 5. Klasse führt für den Unterricht eine Verkehrszählung durch. Sie erstellt eine *Strichliste*, in der immer 5 Striche *gebündelt* werden (卌).

Fahrzeugart	Anzahl der Fahrzeuge
Pkw	卌 卌 卌 卌 卌 卌 II
Lkw	卌 卌 卌 卌 IIII
Motorräder usw.	卌 卌 卌 卌 I

Erstelle ein Balkenschaubild!
(1 Fahrzeug: 1 mm)

Unser Sonnensystem

MERKUR
mittlere Entfernung von der Sonne:	58 000 000 km
Größe/Durchmesser:	4 878 km
Temperatur:	+ 350 °C bis – 170 °C

VENUS
mittlere Entfernung von der Sonne:	108 000 000 km
Größe/Durchmesser:	12 200 km
Temperatur:	+ 480 °C

ERDE
mittlere Entfernung von der Sonne:	150 000 000 km
Größe/Durchmesser:	12 757 km
Temperatur:	+ 50 °C bis – 90 °C

MARS
mittlere Entfernung von der Sonne:	228 000 000 km
Größe/Durchmesser:	6 787 km
Temperatur:	+ 27 °C bis – 133 °C

JUPITER
mittlere Entfernung von der Sonne:	778 000 000 km
Größe/Durchmesser:	142 870 km
Temperatur:	– 108 °C

SATURN
mittlere Entfernung von der Sonne:	1 428 000 000 km
Größe/Durchmesser:	120 670 km
Temperatur:	– 125 °C

URANUS
mittlere Entfernung von der Sonne:	2 872 000 000 km
Größe/Durchmesser:	51 000 km
Temperatur:	– 216 °C

NEPTUN
mittlere Entfernung von der Sonne:	4 498 000 000 km
Größe/Durchmesser:	49 200 km
Temperatur:	– 204 °C

PLUTO
mittlere Entfernung von der Sonne:	5 910 000 000 km
Größe/Durchmesser:	2 290 km
Temperatur:	– 230 °C

MEIN VATER ERKLÄRT MIR JEDEN SONNTAG UNSERE NEUN PLANETEN.

Mathe-Meisterschaft

1. Nenne den Stellenwert der unterstrichenen Ziffer.
   a) 6<u>5</u>4279   b) 7008<u>4</u>621   c) 3<u>1</u>195704   *(3 Punkte)*

2. Schreibe mit Ziffern.
   a) siebenhunderttausenddreihundertdreiundvierzig
   b) fünf Millionen achthundertdrei
   c) sechshunderttausendelf   *(3 Punkte)*

3. a) Schreibe die kleinste fünfstellige Zahl.
   b) Schreibe die größte siebenstellige Zahl.
   c) Schreibe die kleinste neunstellige Zahl.   *(3 Punkte)*

4. Runde die Zahl 1234567 auf Zehner, auf Tausender und auf Hunderttausender.   *(3 Punkte)*

5. Schreibe die Zahlen.
   a) 5 HT 9 T 3 Z   b) 175 Mio. 75 T 38 E
   c) 500 000 + 30 000 + 8000 + 300 + 40 + 8   *(3 Punkte)*

6. 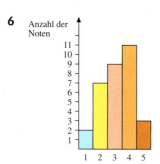 Wie viele Schüler haben Note 2, Note 4 und Note 5? Wie viele Schüler wurden insgesamt benotet?   *(4 Punkte)*

7. Lies die markierten Zahlen vom Zahlenstrahl ab. 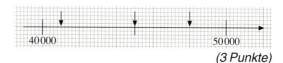   *(3 Punkte)*

8. Ordne die Zahlen der Größe nach. Verwende die Zeichen < oder >.
   a) 123 498, 118 439, 181 734, 18 734, 1 234 498
   b) 99 973, 99 893, 97 399, 99 793, 99 933   *(2 Punkte)*

SILBER 19–15 Punkte
GOLD 24–20 Punkte
BRONZE 14–10 Punkte

Grundrechenarten

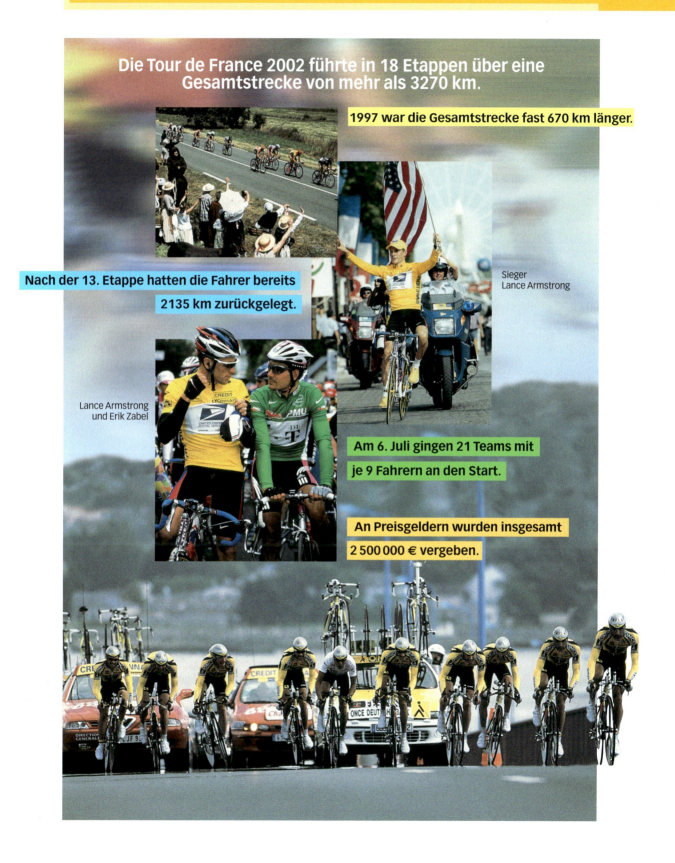

Die Tour de France 2002 führte in 18 Etappen über eine Gesamtstrecke von mehr als 3270 km.

1997 war die Gesamtstrecke fast 670 km länger.

Nach der 13. Etappe hatten die Fahrer bereits 2135 km zurückgelegt.

Sieger Lance Armstrong

Lance Armstrong und Erik Zabel

Am 6. Juli gingen 21 Teams mit je 9 Fahrern an den Start.

An Preisgeldern wurden insgesamt 2 500 000 € vergeben.

Addieren und Subtrahieren

Wir überschlagen Rechnungen

Ab 1050 Punkten gibt es eine Siegerurkunde.

Punktetabelle Bundesjugendspiele

Weitsprung	2,81	2,83	2,85	2,87	2,89	2,91	2,93	2,95	2,97	2,99
	375	381	388	394	400	407	413	419	425	431
	3,01	3,03	3,05	3,07	3,09	3,11	3,13			
	438	444	450	456	462	469	475			
50-m-Lauf	10,0	9,9	9,8	9,7	9,6	9,5	9,4			
	268	281	294	309	325	342	360			
	9,0	8,9	8,8	8,7	8,6	8,5	8,4			
	430	449	458	489	520	551	573			
Wurf 200 g	14,0	14,5	15,0	15,5	16,0	16,5	17,0	17,5		
	348	361	373	386	398	410	421	433		
	19,0	19,5	20,0	20,5	21,0	21,5	22,0	22,5	23,0	
	467	476	488	499	510	520	530	541		

Die habe ich locker.

Warum ist Timo so sicher, eine Siegerurkunde zu bekommen?
Er hat einfach mit **gerundeten** Zahlen gerechnet. Wie das geht, kannst du auf Seite 18 nachlesen.

407 Punkte ≈ 400 Punkte   309 Punkte ≈ 300 Punkte   398 Punkte ≈ 400 Punkte

Jetzt addiert er die gerundeten Punkte: 400 + 300 + 400 = **1100 Punkte**.

> Das Rechnen mit gerundeten Zahlen nennen wir **Überschlagsrechnen**.
> Das Zeichen ≈ bedeutet: … ist **etwa**, **ungefähr** so viel wie …

Wenn es dir beim Rechnen hilft, kannst du dir Notizen machen.

Beispiel   422 + 684 + 509 ≈ 400 + 700 + 500   422 + 684 + 509 ≈ 1600.

Übungen

 1 Überschlage, runde dabei auf *Hunderter*.
a) 739 + 288   d) 645 + 893
b) 377 + 527   e) 1534 + 279
c) 1199 + 418   f) 815 + 2231

 2 Überschlage, runde dabei auf *Hunderter*.
a) 878 − 325   d) 912 − 480
b) 588 − 278   e) 1207 − 571
c) 1922 − 730   f) 1612 − 955

 3 Überschlage, runde dabei auf *Zehner*.
a) 67 + 42 + 51   c) 88 + 107 + 35
b) 156 − 71 − 44   d) 131 − 27 − 54

 4 Lies ab, wer bei den Bundesjugendspielen eine Siegerurkunde erkämpft hat:

Name	Wurf 200 g	Lauf 50 m	Weit-sprung
Mario	375	268	348
Toni	381	309	361
Josef	407	212	335
Ludwig	394	255	373
Markus	413	434	386
Theo	290	421	283
Frank	367	458	391
Max	433	430	381

Addieren und Subtrahieren

 5 Überschlage folgende Aufgaben, indem du auf Zehner rundest. Gib auch das genaue Ergebnis an.
a) 67 + 34   c) 112 − 101   e) 32 · 68
b) 197 + 64 d) 486 − 239   f) 81 · 79

 6 Überschlage. Berechne den Unterschied zu den genauen Ergebnissen.
a) 721 + 680 + 411
b) 1249 + 638 + 197
c) 3590 + 726 + 488
d) 8475 + 4605 + 1021
e) 768 − 274 − 105
f) 631 − 420 − 97
g) 5790 − 3760 − 490
h) 631 + 972 + 305
i) 4034 − 1050 + 3983
j) 3999 − 756 − 238
Genaue Ergebnisse: 1908, 114, 6967, 1540, 14 101, 4804, 3005, 1812, 2084, 389

7 Überschlage. Vergleiche mit den genauen Ergebnissen.
a) 79 · 50   e) 132 · 27
b) 38 · 40   f) 298 · 57
c) 98 · 51   g) 143 · 96
d) 19 · 121   h) 437 · 49
Genaue Ergebnisse: 3950, 4998, 16 986, 13 728, 21 413, 3564, 1520, 2299

 8 Überschlage. Vergleiche mit den genauen Ergebnissen.
a) 372 : 62   d) 2419 : 59
b) 568 : 71   e) 1638 : 21
c) 1008 : 48   f) 6076 : 98
Genaue Ergebnisse: 6, 8, 21, 41, 62, 78

9 In einem Sägewerk werden Monatslöhne gezahlt: 2534 €, 2827 €, 2982 €, 2360 €, 2632 €. Überschlage, ob mehr als 13 000 € gezahlt werden müssen.

 10 Marianne muss in der fünften Klasse von jedem der 22 Schüler 22 Euro für einen Ausflug einsammeln. „Das sind ja über 440 €!", ruft Klaus. Stimmt das?

 11 Beate besucht die Schlossberg-Schule. Wie viele Schüler hat die Schule? Rechne mit gerundeten Zahlen.

Schuljahr	5.	6.	7.	8.	9.
Schülerzahl	98	122	104	117	92

 12 Erkundige dich, wie viele Schüler in den einzelnen Schuljahren deiner Schule sind. Bestimme durch Überschlag, wie viele Schüler das insgesamt sind.

 13 Ein größeres Familienauto wird angeschafft.
Grundpreis: 16 822 €; Klimaanlage: 1855 €; Alu-Felgen: 652 €. Reichen 20 000 €?

 14 Berechne überschlägig die Zahl der Schüler in Bayern. (Stand 2001).
Volksschule   846 372
Realschule   182 583
Gymnasium   329 076
Wirtschaftsschule   22 768
Förderschulen   63 792
Übrige   20 996

15 Überlege, ob du noch das „≈"-Zeichen setzen kannst.
a) 721 + 631 $\stackrel{?}{\approx}$ 1350   d) 627 − 381 $\stackrel{?}{\approx}$ 250
b) 721 + 631 $\stackrel{?}{\approx}$ 1900   e) 1024 − 230 $\stackrel{?}{\approx}$ 800
c) 721 + 631 $\stackrel{?}{\approx}$ 1300   f) 19 · 21 $\stackrel{?}{\approx}$ 600
Begründe deine Antwort.

16 Für ein Kirchenkonzert werden für die verschiedenen Plätze Karten verkauft.
Parkett Reihe 1–14   126 Plätze zu je 21 €
        Reihe 15–25   209 Plätze zu je 19 €
        Reihe 26–35   195 Plätze zu je 17 €
Seitensitze   86 Plätze zu je 13 €
a) Überschlage die Einnahmen.
b) Berechne das genaue Ergebnis.

Wir addieren mündlich

> **Addieren** bedeutet auch **zusammenzählen**, **hinzufügen** oder **vermehren** um … .
>
> Wir addieren 48 + 33 = 81
>   ↓   ↓
>   plus   Summe (Ergebnis einer **Addition**)

Einfache Additionsaufgaben lösen wir **im Kopf**.

Susanne rechnet so:
48 + 33 = 40 + 30 + 8 + 3
        =   70   + 11 = 81

Timo macht es anders:
48 + 33 = 48 + 30 + 3
        =   78   + 3
        = 81

Und wie rechnest **du**?

Übungen

1 Addiere.
a) 225 + 130
b) 220 + 135
c) 631 + 143
d) 651 + 163
e) 420 + 134 + 126
f) 128 + 231 + 441
g) 666 + 111 + 222
h) 385 + 213 + 402

Ergebnisse: 1000, 355, 814, 680, 999, 774, 800, 355.

2 Schreibe zu jedem Ergebnis die entsprechende Additionsaufgabe in dein Heft.

14 57		67 112		42 272
99 205	+	213 28	=	211 270

3 Addiere. Lies die Aufgaben und die Ergebnisse vor.
a) 7000 + 12 000
b) 1200 + 4000
c) 45 000 + 23 000
d) 100 000 + 700 000
e) 120 000 + 80 000
f) 45 000 + 145 000
g) 7 000 000 + 3 000 000
h) 8 500 000 + 1 500 000
i) 5 000 000 + 55 000
j) 3 506 000 + 750 000

4 Bilde aus folgenden Texten Rechenaufgaben und löse sie.
a) Zähle die Zahlen 39 und 49 zusammen.
b) Addiere die Zahlen 51 und 169.
c) Berechne die Summe von 32, 81 und 45.

5 Zeichne die Rechenmauer in dein Heft und vervollständige sie.

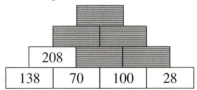

6 Hier siehst du einen Rechenplan, in dem addiert werden soll. Übertrage ihn in dein Heft und setze die richtigen Zahlen in die leeren Kästchen ein.

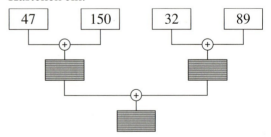

7 Schreibe die Aufgaben in dein Heft. Rechne im Kopf.
a) 27 $\xrightarrow{+16}$ ☐
b) 31 $\xrightarrow{+80}$ ☐
c) 38 $\xrightarrow{+14}$ ☐
d) ☐ $\xrightarrow{+72}$ 100
e) 65 $\xrightarrow{+\square}$ 98
f) 83 $\xrightarrow{+\square}$ 99
g) 89 $\xrightarrow{+\square}$ 126
h) 987 $\xrightarrow{+\square}$ 1115

Addieren und Subtrahieren

Wir addieren schriftlich

Herr und Frau Müller wollen eine neue Wohnzimmereinrichtung kaufen. Felix ist mit dabei. In einem Möbelgeschäft sehen sie eine *Sitzgruppe* für *2232 €*.
Der passende *Tisch* dazu kostet *743 €*.
Um den *Gesamtpreis* für die Sitzgruppe und den Tisch zu berechnen, *addiert* Felix schriftlich *2232* und *743*.

Wir wissen bereits:

> Beim **schriftlichen Addieren** werden Einer unter Einer, Zehner unter Zehner, Hunderter unter Hunderter usw. geschrieben.
> - Nun werden die Ziffern **stellenweise** addiert.
> - Man **beginnt bei den Einern**, addiert **dann die Zehner**, usw.

Beispiel

a) Felix addiert 2232 und 743.

Stellengerecht untereinander schreiben

ZT	T	H	Z	E
	2	2	3	2
+		7	4	3

Stellenweise addieren

ZT	T	H	Z	E
	2	2	3	2
+		7	4	3
	2	9	7	5

Endform:
```
   2232
+   743
   2975
```

$$3\,E + 2\,E = 5\,E$$
$$4\,Z + 3\,Z = 7\,Z$$
$$7\,H + 2\,H = 9\,H$$
$$0\,T + 2\,T = 2\,T$$

Für die Sitzgruppe und den Tisch muss Familie Müller 2975 € bezahlen.

b) Dazu soll noch ein Schrank für 1984 € gekauft werden. Es sind 2975 und 1984 zu addieren. Diese Addition ist schwieriger, weil hierbei **Zehnerüberschreitungen** vorkommen.

Wir addieren 2975 und 1984.

Einer addieren

T	H	Z	E
2	9	7	5
+1	9	8	4
			9

Zehner addieren

T	H	Z	E
2	9	7	5
+1	9	8	4
		1	
	↑	5	9

10 Zehner ergeben 1 Hunderter

Hunderter addieren

T	H	Z	E
2	9	7	5
+1	9	8	4
	1	1	
↑	9	5	9

10 Hunderter ergeben 1 Tausender

Tausender addieren

T	H	Z	E
2	9	7	5
+1	9	8	4
	1	1	
4	9	5	9

Endform:
```
   2975
+ 1984
     11
   4959
```

Für die Sitzgruppe, den Tisch und den Wohnzimmerschrank sind 4959 € zu zahlen.

Übungen

1 Addiere.
a) 309 + 6610
b) 5421 + 1357
c) 3426 + 3423
d) 72 563 + 14 106
e) 63 815 + 10 024
f) 84 263 + 15 716

2
a) 423 + 214 + 341
b) 4121 + 3254 + 1612
c) 3041 + 114 + 33

3 Berechne.
a) 736 + 8561
b) 2469 + 3517
c) 9462 + 4773
d) 5693 + 6478
e) 44 897 + 61 915
f) 48 967 + 37 925

4 Schreibe die Zahlen untereinander und addiere.
a) 736 + 561
b) 2469 + 3517
c) 9462 + 4773
d) 6284 + 2943
e) 5693 + 6478
f) 44 897 + 71 915

Ergebnisse: 116 812, 5986, 1297, 12 171, 14 235, 9227

5 Addiere.
a) 319 + 6618
b) 736 + 8561
c) 13 678 + 4799
d) 48 + 3467
e) 4578 + 87
f) 187 + 28 912

Ergebnisse: 18 477, 4665, 9297, 29 099, 6937, 3515

6 Addiere.
Hier spielen die *Nullen* eine Rolle!
a) 304 + 270
b) 485 + 415
c) 9708 + 4582
d) 70 414 + 876
e) 26 745 + 9608
f) 14 829 + 85 171

7 Addiere diese großen Zahlen.
Lies die Zahlen und die Ergebnisse vor.
a) 8 427 638 539 + 7 142 869 255
b) 2 763 420 802 + 1 184 829 670
c) 9 280 978 202 563 + 8 256 774 865 242
d) 4 329 065 387 296 + 1 822 948 236 071
e) 9 999 999 999 + 1 111 111 111

8 Addiere mehrere Zahlen.

HT	ZT	T	H	Z	E
	9	4	6	5	8
	9	6	6	9	7
+	7	9	6	0	6
				1	2
				6	1

a) 94 658 + 96 697 + 79 606

Rechne die Aufgabe im Heft zu Ende. Hast du auf den Übertrag geachtet?
Rechne dann ebenso.
b) 64 371 + 50 289 + 37 540
c) 10 560 + 38 299 + 45 786
d) 35 078 + 20 069 + 74 117
e) 42 817 + 3188 + 19 006

Ergebnisse: 65 011, 94 645, 129 264, 152 200, 270 961

9 Rechne wie in Aufgabe 8.
a) 71 342 + 12 564 + 3053
b) 12 458 + 25 134 + 41 197
c) 34 521 + 22 218 + 21 132
d) 67 285 + 19 407 + 13 210
e) 34 145 + 91 212 + 11 322
f) 48 240 + 10 311 + 1184 + 10 056 + 20 149
g) 32 616 + 25 849 + 40 322
h) 8239 + 11 229 + 15 070
i) 54 220 + 11 229 + 2312 + 21 835 + 10 203

10 Im Münchener Olympiastadion bezahlten 16 867 Zuschauer an Kasse 1 ihren Eintritt, 7685 Zuschauer an Kasse 2, 7864 an Kasse 3, 8615 an Kasse 4 und 9614 an Kasse 5.
Wie viele Zuschauer zahlten insgesamt an den Kassen Eintritt? Überschlage vorher.

11 Denke dir zu folgenden Aufgaben Rechengeschichten aus.
a) 120 + 3085
b) 57 + 8501
c) 211 + 33 557
d) 5721 + 42 893

12 Addiere die Zahlen.
a) in den Zeilen
b) in den Spalten

318	7429	305 408	50 028	
4145	28 514	96 748	46 993	
				539 583

Addieren und Subtrahieren

Wir subtrahieren mündlich

> **Subtrahieren** bedeutet auch **abziehen**, **den Unterschied** berechnen, **vermindern** um … .
> Wir subtrahieren   140 − 59 = 81
>   ↓   ↓
>   minus   **Differenz**   (Ergebnis einer **Subtraktion**)

Auch einfache Differenzen können wir im Kopf ausrechnen. Vergleiche die beiden Möglichkeiten.

   1. Möglichkeit   2. Möglichkeit
   140 − 50 − 9 = 90 − 9 = 81   140 − 60 + 1 = 80 + 1 = 81

Bei einer **Differenz** können wir leicht nachprüfen, ob wir richtig gerechnet haben.

Beispiel

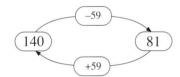

140 − 59 = 81 ist **richtig**, denn 81 + 59 = 140

Die Probe ist die Umkehraufgabe.

> Das **Addieren** ist die Umkehrung des **Subtrahierens**.
> Das **Subtrahieren** ist die Umkehrung des **Addierens**.

Übungen

1 Rechne im Kopf.
a) 27 − 6   d) 140 − 32   g) 220 − 135
b) 270 − 60   e) 141 − 33   h) 320 − 235
c) 280 − 70   f) 139 − 31   i) 1320 − 1235

2 Bilde die Umkehraufgaben.
Beispiel: 17 − 5 = 12, denn 12 + 5 = 17
a) 49 − 12 = ☐
b) 115 − 33 = ☐
c) 355 + 72 = ☐
d) 624 − 48 = ☐
e) 289 + 73 = ☐
f) 34 + 18 − 17 = ☐

3 Suche zu jeder *Differenz* die entsprechende Subtraktionsaufgabe. Du kannst dir dazu Notizen machen.

| 723 512 | | 95 270 | | 496 730 |
| 1000 460 | − | 16 170 | = | 553 365 |

4 Zeichne die Tabellen ab. Berechne die fehlenden Werte.

−31 →	
31	
58	
70	
101	

−49 →	
53	
	51
98	
	25

Wir subtrahieren schriftlich

Herr Schreiber muss für die Versicherung überprüfen, wie viele km er pro Jahr fährt. Er hat sich zu Beginn und zu Ende des Jahres den Kilometerstand aufgeschrieben.
Die Differenz kann er ausrechnen, indem er **schriftlich subtrahiert**.

> Beim **schriftlichen Subtrahieren** werden Einer unter Einer, Zehner unter Zehner, Hunderter unter Hunderter usw. geschrieben.
> Nun werden die Ziffern **stellenweise** subtrahiert.
> Man **beginnt bei den Einern**, subtrahiert **dann die Zehner**, usw.

Beispiel

a) Stellengerecht untereinander schreiben

ZT	T	H	Z	E
	2	5	3	7	4
−	1	2	1	4	3

Stellenweise subtrahieren

ZT	T	H	Z	E
	2	5	3	7	4
−	1	2	1	4	3
	1	**3**	**2**	**3**	**1**

$4 - 3 = 1$ **1** hinschreiben
$7 - 4 = 3$ **3** hinschreiben
$3 - 1 = 2$ **2** hinschreiben
$5 - 2 = 3$ **3** hinschreiben
$2 - 1 = 1$ **1** hinschreiben

Endform:
$$\begin{array}{r} 25374 \\ -\ 12143 \\ \hline \underline{13231} \end{array}$$

Das Auto hat in diesem Jahr 13 231 km zurückgelegt.

b) Ein Jahr später liest Herr Schreiber wieder den Kilometerstand ab. Jetzt werden 41 457 km angezeigt. Er berechnet durch schriftliche Subtraktion, wie viel Kilometer das Auto in diesem Jahr zurückgelegt hat. Bei dieser Subtraktion kommen **Zehnerüberschreitungen** vor.

ZT	T	H	Z	E
	4	1	4	5	7
−	2	5	3	7	4
					3

$7\,E - 4\,E = \mathbf{3\,E}$

ZT	T	H	Z	E
			3	15	
	4	1	4̸	5̸	7
−	2	5	3	7	4
				8	3

$5\,Z - 7\,Z = ?$
aus 1 H werden 10 Z
$15\,Z - 7\,Z = \mathbf{8\,Z}$

ZT	T	H	Z	E
			3	15	
	4	1	4̸	5̸	7
−	2	5	3	7	4
			0	8	3

$3\,H - 3\,H = \mathbf{0\,H}$

ZT	T	H	Z	E
	3	11	3	15	
	4̸	1̸	4̸	5̸	7
−	2	5	3	7	4
		6	0	8	3

$1\,T - 5\,T = ?$
aus 1 ZT werden 10 T
$11\,T - 5\,T = \mathbf{6\,T}$

ZT	T	H	Z	E
	3	11	3	15	
	4̸	1̸	4̸	5̸	7
−	2	5	3	7	4
	1	6	0	8	3

$3\,ZT - 2\,ZT = \mathbf{1\,ZT}$

In diesem Jahr ist der Wagen 16 083 km gefahren.

Addieren und Subtrahieren

Übungen

Subtrahiere schriftlich.

1
a) 254 − 81
b) 634 − 392
c) 456 − 273
d) 841 − 461
e) 663 − 391
f) 547 − 386
g) 743 − 283
h) 452 − 371
i) 620 − 381

2
a) 624 − 238
b) 835 − 136
c) 900 − 101
d) 777 − 478
e) 580 − 275
f) 888 − 709
g) 412 − 136
h) 647 − 258
i) 601 − 106

3
a) 485 − 177
b) 819 − 439
c) 582 − 283
d) 6475 − 4593
e) 3811 − 2975
f) 7940 − 3834
g) 8357 − 2758
h) 5236 − 3175
i) 9422 − 4685

4 Überschlage und rechne.
a) 874 − 436
b) 973 − 664
c) 768 − 349
d) 667 − 328
e) 881 − 439
f) 738 − 419
g) 632 − 119
h) 652 − 287

5 Berechne die Unterschiede.

6 Ein Taxi hat morgens einen Kilometerstand von 64 780 und abends einen Kilometerstand von 65 330. Wie viel Kilometer wurden zurückgelegt? Übertrage den Rechenplan in dein Heft und berechne das Ergebnis.

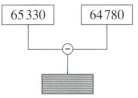

7
a) Subtrahiere von 2347 die Zahl 1743.
b) Berechne die Differenz von 289 und 198.
c) Vermindere 4003 um 2711.

8 Mark hat zu Beginn der Ferien den Stand des Kilometerzählers an seinem Fahrrad aufgeschrieben: 876 km. Am Ende der Ferien zeigt der Kilometerzähler 1279 km an. Zeichne einen Rechenplan und berechne.

9 Übertrage die Rechenpläne in dein Heft und vervollständige sie. Schreibe auch die zugehörigen Aufgaben darunter.

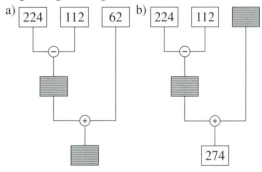

10 Setze „<" oder „>" richtig ein.
a) 740 − 630 ☐ 801 − 690
b) 215 + 114 ☐ 583 − 125
c) 67 + 31 − 52 ☐ 80 + 120 − 195

11 Berechne. Kontrolliere deine Ergebnisse.
a) 427 + 57 − 305
b) 149 + 32 − 119
c) 663 − 69 + 229
d) 214 − 55 + 179
e) 27 + 128 − 69
f) 202 − 179 + 96
g) 160 − 72 + 280
h) 385 − 96 + 66
i) 976 + 27 − 730
j) 417 + 73 − 225

Ergebnisse: 338, 119, 86, 823, 179, 265, 273, 62, 355, 368

Wir subtrahieren mehrere Zahlen

Auf einer Wiese spielen 16 Kinder Fußball. Nach einiger Zeit müssen fünf Kinder nach Hause. Anschließend gehen wieder zwei Kinder und etwas später nochmals vier Kinder heim.

Die Aufgabe 16 – 5 – 2 – 4 lösen Susanne und Timo auf verschiedenen Wegen.

Susanne rechnet so:
$$16 - 5 - 2 - 4$$
$$= 11 - 2 - 4$$
$$= 9 - 4$$
$$= 5$$

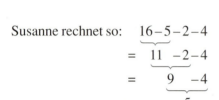

Sie hat die Zahlen einzeln nacheinander subtrahiert.

Und wie rechnest du?

Timo rechnet so:
$$16 - 5 - 2 - 4$$
$$= 16 - 11$$
$$= 5$$

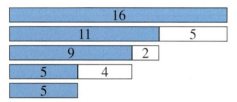

Er hat zuerst ausgerechnet, wie viele Kinder insgesamt gegangen sind, und hat dann subtrahiert.

Übungen

1 Ein Fahrstuhl ist mit zwölf Personen besetzt. Im 1. Stock steigen vier Personen aus, im 2. Stock drei, im dritten Stock zwei Personen. Wie viele Personen sind noch im Fahrstuhl? Schreibe als Rechenaufgabe.
Löse auf zwei Wegen.

2 Ein Bäcker hat noch 57 Brötchen. Er verkauft nacheinander fünf, sieben, acht, zwei und dann sechs Brötchen. Wie viele Brötchen hat er noch?

3 Subtrahiere auf verschiedenen Wegen!
a) 69 – 17 – 23   d) 192 – 32 – 17
b) 109 – 89 – 11   e) 569 – 24 – 76 – 119
c) 155 – 55 – 39   f) 632 – 232 – 255 – 63

4 a) Subtrahiere von 729 nacheinander: 134, 76, 225 und 64
b) Subtrahiere von 1352 nacheinander: 671, 152, 180 und 326
c) Subtrahiere von 3700 nacheinander: 1212, 719, 764 und 12

5 a) 2421 – 374 – 1430
b) 4520 – 1384 – 765 – 211
c) 7098 – 685 – 704 – 291 – 3684
d) 5429 – 824 – 900 – 526
e) 6385 – 1728 – 869 – 555 – 217
Ergebnisse: 617, 2160, 1734, 3179, 3016

6 Nachdem Julia beim Einkaufen nacheinander 450 Cent, 280 Cent, 730 Cent und 80 Cent ausgegeben hat, sind noch 350 Cent in ihrem Geldbeutel.

Multiplizieren und Dividieren

Wir multiplizieren mündlich

Tobias kauft für seine Party drei Packungen Gebäck. Jede Packung kostet 2 €.

Auch Tobias hat den Betrag längst ausgerechnet, aber nicht so wie auf dem Kassenzettel. Er hat **multipliziert**.

Das Malnehmen oder **Multiplizieren** können wir so erklären:

Die **Summe** 2 + 2 + 2 schreiben wir kürzer als **Produkt** 3 · 2.

> **Multiplizieren** bedeutet auch **malnehmen** oder **vervielfachen**.
>
> Wir multiplizieren   3 · 2 = 6
>   ↓   ↓
>   mal   Produkt   (Ergebnis einer **Multiplikation**)

Die einfachsten Multiplikationsaufgaben, das **kleine Einmaleins**, kennen wir auswendig.

Beispiel

3 · 5 = 5 + 5 + 5 = 15   4 · 1 = 1 + 1 + 1 + 1 = 4
5 · 3 = 3 + 3 + 3 + 3 + 3 = 15   1 · 4 = 4
5 · 30 = 30 + 30 + 30 + 30 + 30 = 150   3 · 0 = 0 + 0 + 0 = 0
5 · 300 = 300 + 300 + 300 + 300 + 300 = 1500   0 · 3 = 0

Einfache Multiplikationsaufgaben rechnen wir **im Kopf**.

Beispiel

Timo rechnet so: Susanne findet diesen Weg:
29 · 4 = 20 · 4 + 9 · 4   29 · 4 = 30 · 4 − 1 · 4
29 · 4 =   80   + 36   29 · 4 = 120 − 4
29 · 4 = 116   29 · 4 = 116

Und wie rechnest **du**?

Übungen

1 Zeichne die Tabellen in dein Heft und fülle die fehlenden Felder aus.

36	
2 ·	18
4 ·	
6 ·	
12 ·	
3 ·	
9 ·	

60	
2 ·	
4 ·	
6 ·	
10 ·	
12 ·	
15 ·	

48	
2 ·	
	12
16 ·	
	6
3 ·	
	8

2 Schreibe die Aufgaben ab. Setze immer zwischen zwei Aufgaben das Größer-Zeichen (>), das Kleiner-Zeichen (<) oder das Gleichheitszeichen (=) ein.

6 · 6	>	4 · 8
6 · 7		4 · 12
6 · 9		7 · 8
4 · 9		6 · 6
4 · 25		8 · 12
3 · 8		6 · 4
9 · 9		7 · 12
7 · 5		5 · 7

8 · 9		7 · 10
3 · 5		4 · 4
8 · 7		7 · 8
9 · 7		8 · 8
12 · 12		9 · 16
11 · 9		25 · 4
8 · 25		50 · 4
13 · 13		8 · 20

3 Berechne.
a) 4 · 30
   7 · 70
   6 · 40
   3 · 80

b) 40 · 30
   60 · 30
   70 · 60
   20 · 80

c) 9 · 700
   7 · 900
   9 · 600
   6 · 900

4 Stelle dir die abgebildeten Karten her. Spiele mit deinem Nachbarn „Rechenmemory". Erfinde weitere Kartenpaare.

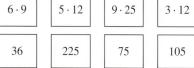

5 Wenn man eine Zahl mit sich selbst multipliziert, entsteht eine **Quadratzahl**.

25 ist die Quadratzahl von 5. Berechne die Quadratzahlen von:
a) 9   e) 10   i) 25
b) 6   f) 11   j) 12
c) 8   g) 20   k) 14
d) 7   h) 13   l) 15

6 Zeichne die Rechenmauern ab und vervollständige sie.
a)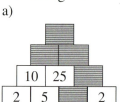
b)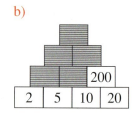

7 a) Bei einem Autorennen werden 24 Runden gefahren. Eine Runde ist 10 500 m lang. Gib die Länge der Fahrstrecke in Kilometern an (1 km = 1000 m).

b) Ein Fahrer muss nach 16 Runden wegen Motorschadens ausscheiden. Wie viel Kilometer ist er bis dahin gefahren?

8 Stelle diese Kärtchen her. Lege an die Rechnung das passende Ergebnis.

Multiplizieren und Dividieren

Wir multiplizieren schriftlich mit einstelligen Zahlen

Haustiere sind wunderbare Freunde. Wer ein Tier besitzt, weiß das genau.
Besonders beliebt bei uns sind Hunde aller Rassen. Wer sich einen Hund anschaffen will, muss allerlei bedenken, zum Beispiel auch die Kosten.
Hannah hat ihren Hund „Bello" jetzt seit 3 Jahren. Hundesteuer und Versicherung für ihn kosten im Jahr 132 €.
Wie viel wurde in den drei Jahren dafür ausgegeben?
Hannah **multipliziert** 132 mit 3.

Beispiel 1   Wir multiplizieren die Zahlen 132 und 3.

Hannah macht zuerst einen **Überschlag**: Sie rechnet im Kopf 100 · 3 = 300 und weiß nun, dass das Ergebnis *ungefähr* 300 € sein wird.

Einer multiplizieren

H	Z	E	
1	3	2	·3
		6	

Zehner multiplizieren

H	Z	E	
1	3	2	·3
	9	6	

Hunderter multiplizieren

H	Z	E	
1	3	2	·3
3	9	6	

In Endform:

132 · 3
‾‾‾396‾‾

Antwort: Steuer und Versicherung für Bello haben bisher 396 € gekostet.

Bello hat immer großen Appetit, er braucht täglich für etwa 3 € Futter. Was kostet Bellos Futter im Jahr? Ein Jahr hat 365 Tage. Bei dieser Aufgabe kommen *Zehnerüberschreitungen* vor.

Beispiel 2   Wir multiplizieren die Zahlen 365 und 3.

Auch hier macht Hannah zuerst einen **Überschlag**: Sie rechnet im Kopf 400 · 3 = 1200 und weiß jetzt, dass das Ergebnis *ungefähr* 1200 € sein wird.

			E	
3	6	5	·	3
				5

3 · 5 = 15
5 an
1 gemerkt

		Z	**E**	
3	6	5	·	3
		9	5	

3 · 6 = 18
18 + 1 = 19
9 an, 1 gemerkt

T	**H**	**Z**	**E**	
3	6	5	·	3
1	0	9	5	

3 · 3 = 9
9 + 1 = 10

Kurzform:

365 · 3
‾‾1095‾‾

Antwort: Das Futter für Bello kostet pro Jahr 1095 €.

Übungen

1 Multipliziere schriftlich.
a) 223 · 3   f) 533 · 3   k) 215 · 8
b) 243 · 3   g) 624 · 5   l) 942 · 6
c) 413 · 2   h) 417 · 6   m) 385 · 7
d) 1993 · 8 i) 3486 · 6 n) 7346 · 5
e) 2348 · 3 j) 4271 · 4 o) 8624 · 7

Ergebnisse: 2695, 36 730, 2502, 5652, 20 916, 60 368, 1720, 669, 17 084, 1599, 3 120, 826, 729, 15 944, 7044

2 Berechne.
a) 24 738 · 5   d) 74 245 · 3   g) 1 634 431 · 9
b) 39 941 · 9   e) 76 217 · 8   h) 3 938 075 · 4
c) 42 531 · 4   f) 711 281 · 4 i) 2 231 007 · 8

Ergebnisse: 123 690, 170 124, 222 735, 359 469, 609 736, 2 845 124, 14 709 879, 15 752 300, 17 848 056

3 Bei diesen Aufgaben sind die **Nullen** zu beachten. Multipliziere mit Zehner- und Hunderterzahlen.

Beispiel: $\frac{14 \cdot 6}{84}$ $\frac{14 \cdot 60}{840}$ $\frac{14 \cdot 600}{8400}$

a) 56 · 80   e) 267 · 30   i) 5712 · 70
b) 98 · 70   f) 812 · 40   j) 76 · 300
c) 53 · 50   g) 1357 · 20 k) 173 · 500
d) 148 · 60   h) 2348 · 90 l) 750 · 400

Ergebnisse: 22 800, 86 500, 300 000, 399 840, 211 320, 27 140, 6860, 8880, 32 480, 8010, 2650, 4480

4 Das letzte Schuljahr hatte 197 Schultage.
a) Barbaras Schulweg ist bei Hin- und Rückweg 4 km lang. Wie viel km hat sie im letzten Schuljahr zurückgelegt?
b) Wie viel km sind das vom 5. bis zum 9. Schuljahr? Überschlage vorher das Ergebnis.
c) Wie viel km beträgt dein Schulweg in einem Schuljahr? Wie viel km sind das vom 5. bis zum 9. Schuljahr?

5 Das Porto für eine Postkarte kostet (2003) 50 Cent. Frau Müller, die Schulsekretärin, verschickt 128 Karten für die Einladung zum Schulfest.

6 Übertrage die Tabelle in dein Heft und fülle sie aus.

·	5	9	7	6	8	3
108						
426						
178						
219					1752	
3590						

7 Beachte bei diesen Aufgaben die Bedeutung der Null.

Zur Erinnerung: 6 + 0 = 6   aber   6 · 0 = 0
                 0 + 6 = 6   aber   0 · 6 = 0

a) 320 · 4   f) 710 · 9   k) 3125 · 8
b) 502 · 4   g) 751 · 8   l) 5206 · 5
c) 1006 · 7 h) 8850 · 6   m) 19 405 · 6
d) 3050 · 8 i) 7858 · 7   n) 9063 · 9
e) 8008 · 4 j) 9909 · 9   o) 2020 · 5

8 Eine Großhändlerin bestellte bei einer Fahrradfabrik 300 Trekkingräder zu je 249 €, 500 Mountainbikes zu je 259 € und 600 Kinderfahrräder zu je 128 €. Wie viel hatte sie insgesamt zu zahlen?

9 Ein Fernfahrer macht jede Woche drei Fahrten von Ravensburg nach Mailand und zurück. Die einfache Entfernung zwischen beiden Städten beträgt 364 km. Wie viel Kilometer legt er insgesamt in einer Woche zurück?

Multiplizieren und Dividieren

Wir multiplizieren schriftlich mit mehrstelligen Zahlen

Herr Gabler fährt mit dem Auto zu seiner Arbeitsstelle. Hin und zurück legt er täglich 47 Kilometer zurück.

Wie viel Kilometer sind das in einem Jahr bei 236 Arbeitstagen?

Wir berechnen die Gesamtstrecke: 236 · 47.

Hier müssen wir mit einer *zweistelligen* Zahl multiplizieren.

> Bei der Multiplikation mit zwei- oder mehrstelligen Zahlen multiplizieren wir **nacheinander** mit den …, Zehnern, dann mit den Einern der zweiten Zahl. Zuletzt addieren wir die Zwischenergebnisse. Vorher **überschlagen** wir die Rechnung.

Beispiel Wir multiplizieren 236 mit 47.

Überschlag: 200 · 50 = **10 000**

```
    Z
2 3 6 · 4 7
    9 4 4
```
Mit den **Zehnern** beginnen

```
        E
2 3 6 · 4 7
    9 4 4
  1 6 5 2
```
Dann sind die **Einer** dran

```
  2 3 6 · 4 7
      9 4 4
+   1 6 5 2
    1
  1 1 0 9 2
```
Nun die **Zwischenergebnisse** addieren

Kurzform:
```
  236 · 47
      944
+   1 652
      1
   11 092
```

Herr Gabler legt bei seinen Fahrten zur Arbeitsstelle jährlich 11 092 km zurück.

Übungen

1 Multipliziere schriftlich. Überschlage zuerst.
a) 125 · 15   d) 333 · 12   g) 451 · 28
b) 168 · 14   e) 412 · 18   h) 570 · 62
c) 183 · 23   f) 451 · 17   i) 615 · 41

Ergebnisse: 2352, 1875, 7667, 4209, 7416, 3996, 12 628, 35 340, 25 215

2 Multipliziere. Rechne vorteilhaft.
a) 113 · 11   h) 213 · 23   o) 233 · 31
b) 113 · 21   i) 213 · 22   p) 233 · 32
c) 113 · 23   j) 213 · 32   q) 321 · 12
d) 113 · 32   k) 213 · 33   r) 321 · 13
e) 113 · 33   l) 233 · 12   s) 321 · 22
f) 213 · 13   m) 233 · 13   t) 321 · 31
g) 213 · 21   n) 233 · 21   u) 321 · 32

3 Multipliziere die Zahl 12 345 679 mit 18, 27, 36, 45, 54, 63, 72, 81. Du erhältst *besondere* Ergebnisse.

4 Überschlage zunächst die Ergebnisse. Dann rechne genau aus.
a) 2435 · 29   f) 801 · 85
b) 6312 · 43   g) 7023 · 67
c) 14 537 · 57   h) 37 · 60 045
d) 66 · 89 125   i) 9064 · 21
e) 81 · 325 167   j) 63 · 40 072

Ergebnisse: 68 085, 70 615, 190 344, 271 416, 470 541, 828 609, 2 221 665, 2 524 536, 5 882 250, 26 338 527

5 Für die Klassen 5 a (26 Schüler), 5 b (24 Schüler) und 5 c (25 Schüler) wird ein Wörterbuch bestellt. Ein Buch kostet 5 € 90 Cent.

6 Ein Kino verkaufte an einem Abend 387 Karten zu 6 € und 185 Karten zu 7 €. Berechne die Einnahmen.

7 Ein Tag hat 24 Stunden. Eine Stunde hat 3600 Sekunden. Wie viele Sekunden hat ein Tag?

8 Die Tribüne eines Fußballstadions hat 28 Reihen mit 232 Sitzplätzen. Wie viele Sitzplätze gibt es auf der Tribüne?

9 Der Generator in einem Kraftwerk macht in einer Sekunde 50 Umdrehungen.
a) Wie viele Umdrehungen macht der Generator in einer Minute?
b) Hat der Generator in einer halben Stunde mehr als 100 000 Umdrehungen gemacht?
c) Der Generator läuft durchschnittlich an 7 Tagen in der Woche jeweils 8 Stunden.

10 In den 5. Klassen hat jeder Schüler Schulbücher im Wert von 93 € bekommen. Wie teuer waren die Bücher für alle 117 Fünftklässler zusammen?

11 In einem Automobilwerk laufen stündlich 89 Autos vom Montageband.
Die Arbeiter arbeiten täglich in drei Schichten zu je acht Stunden.
Sie arbeiten fünf Tage in der Woche.
Wie viele Autos laufen in einer Woche vom Band?

Bist du fit?

1. Welcher Körper ist abgebildet? Kannst du die Merkmale nennen?

a) b) c)

2. a) Welcher Körper hat eine Spitze, ist aber keine Pyramide?
b) Welcher Körper hat sechs Flächen, von denen immer zwei gleich groß sind?
c) Bei welchem Körper sind alle Kanten gleich lang?

3. Das ist ein Plan von Franziskas Zimmer im Maßstab 1:100.
a) Wie lang und wie breit ist das Zimmer?
b) Wie breit ist die Türöffnung?
c) Wie tief ist der Schrank?
d) Wie breit ist das Fenster?
e) Wie lang ist das Bett?

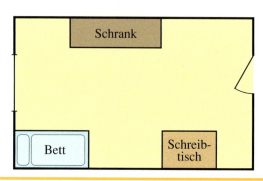

Multiplizieren und Dividieren

Wir dividieren mündlich

Geburtstag! Die Pralinen sollen sich 5 Freunde gerecht untereinander teilen.

Dafür schreiben wir: 15 : 5. Als Ergebnis erhalten wir 3.

Dividieren bedeutet auch **gleichmäßig verteilen, aufteilen** oder **teilen** durch … .

$$15 \; : \; 5 \; = \; 3$$

dividiert durch   Quotient   (Ergebnis einer **Division**)

Mit der Umkehraufgabe können wir leicht nachprüfen, ob wir richtig gerechnet haben.

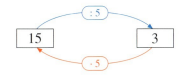

Wir rechnen: 15 : 5 = 3, denn 3 · 5 = 15

Die Probe ist die Umkehraufgabe.

Dividieren und **Multiplizieren** sind **Umkehr**rechnungen.

Beispiel   So kann man im Kopf rechnen:

96 : 3 = 90 : 3 + 6 : 3   Probe: 32 · 3 = 30 · 3 + 2 · 3
       =   30   +   2   =   90   +   6
       = 32   = 96

Findest du einen anderen Weg?

0 : 7 = 0   Probe: 0 · 7 = 0
Aber: 7 : 0 geht nicht!

Für diese Rechnung gibt es kein Ergebnis!

Übungen

1 Dividiere.
a) 27 : 9   i) 72 : 8   q) 25 : 5
b) 49 : 7   j) 36 : 6   r) 27 : 3
c) 80 : 10 k) 36 : 9   s) 77 : 11
d) 64 : 8   l) 18 : 3   t) 99 : 11
e) 30 : 5   m) 45 : 5   u) 84 : 12
f) 24 : 4   n) 81 : 9   v) 39 : 13
g) 48 : 6   o) 54 : 9   w) 60 : 10
h) 56 : 7   p) 45 : 9   x) 45 : 5

2 Rechne und mache die Probe durch Multiplizieren.
a) 63 : 7   d) 39 : 3   g) 36 : 6
   63 : 9   39 : 13   49 : 7
b) 40 : 8   e) 99 : 11   h) 144 : 12
   40 : 5   121 : 11   240 : 20
c) 72 : 8   f) 14 : 7   i) 30 : 10
   72 : 9   35 : 7   300 : 100

3 Berechne und mache die Probe.
a) 72 : 6   e) 120 : 8   i) 102 : 6
b) 84 : 7   f) 100 : 25 j) 133 : 7
c) 90 : 6   g) 208 : 2   k) 135 : 15
d) 85 : 5   h) 132 : 11 l) 169 : 13

4 Dividiere.
a) 60 : 10   g) 770 : 11   m) 160 : 40
b) 80 : 20   h) 350 : 7   n) 760 : 40
c) 90 : 30   i) 640 : 80   o) 1250 : 250
d) 100 : 50 j) 720 : 90   p) 1050 : 150
e) 250 : 5   k) 540 : 60   q) 12 000 : 4
f) 480 : 12 l) 480 : 30   r) 28 000 : 7

Ergebnisse: 2, 3, 4, 4, 5, 6, 7, 8, 8, 9, 16, 19, 40, 50, 50, 70, 3000, 4000

5 Übertrage die Rechenpläne in dein Heft und ergänze sie. Erfinde dazu Rechengeschichten.

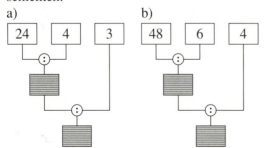

6 Übertrage die Tabelle und fülle sie aus.

:	2	3		6	8	12	
48	24			12			3
					24		
240							

7 Sandra bekommt im Jahr 240 € Taschengeld. Berechne den monatlichen Betrag.

8 Setze das Größer-Zeichen (>), das Kleiner-Zeichen (<) oder das Gleichheitszeichen (=).

28 : 4		56 : 7		63 : 7		64 : 8
72 : 8		72 : 9		35 : 7		90 : 15
24 : 6		60 : 12		0 : 12		13 : 13
33 : 3		44 : 4		144 : 9		136 : 8
42 : 6		48 : 6		225 : 5		180 : 4
108 : 9		65 : 5		84 : 12		96 : 16

9 Fabian bringt an seinem Geburtstag jedem Mitschüler eine Breze (Preis 50 Cent) mit. Beim Bäcker bezahlt er 13 €.

10 Tischtennisbälle werden in Packungen zu je drei Stück verkauft. 360 Tischtennisbälle werden verpackt.

11 Ohne körperliche Anstrengung atmest du in der Stunde etwa 900-mal. Wie viele Atemzüge sind das in einer Minute?

12 Bei körperlicher Belastung verdoppelt sich die Anzahl der Atemzüge auf 1800 pro Stunde. Berechne die Zahl der Atemzüge pro Minute.

Multiplizieren und Dividieren

Wir dividieren schriftlich durch einstellige Zahlen

Die drei 5. Klassen einer Hauptschule haben beim Sommerfest einen Essensstand betreut. Der Gewinn von 369 € wird gleichmäßig auf die Klassen verteilt.
Wie viel erhält jede Klasse?

Wir dividieren 369 durch 3.
Dazu zerlegen wir 369 so, dass wir jede Zahl der Summe durch 3 dividieren können:

```
369 : 3
300 : 3 = 100
 60 : 3 =  20
  9 : 3 =   3
         ─────
          123
```

Wenn wir die Stellenwertschreibweise anwenden, kommen wir zur üblichen Form der schriftlichen Division:

```
369 : 3 = 123
 3
 ─
 -6
  6
  ─
  -9
```

Jede Klasse erhält 123 €.

Beispiel 1   Wir dividieren 952 durch 7.

Hunderter dividieren
9 : 7 = 1 R 2

```
HZE     HZE
952 : 7 = 1
-7
──
 2      ·7
```

Zehner dividieren
25 : 7 = 3 R 4

```
HZE     HZE
952 : 7 = 13
-7
──
 25
-21
 ──
  4    ·7
```

Einer dividieren
42 : 7 = 6

```
HZE     HZE
952 : 7 = 136
-7
──
 25
-21
 ──
  42
 -42
  ──
   0   ·7
```

In Endform:
```
952 : 7 = 136
 7
 ──
 25
 21
 ──
 42
 42
 ──
  0
```

Oft gehen Divisionen nicht auf. Es bleibt ein Rest.

Beispiel 2

a) 6327 : 5 = 1265 R 2
```
    5
    ──
    13
    10
    ──
    32
    30
    ──
    27
    25
    ──
     2
```

Der Rest kann nicht größer als der Teiler sein.

b) 6795 : 8 = 849 R 3
```
   64
   ──
   39
   32
   ──
   75
   72
   ──
    3
```

Wir können 6 nicht durch 8 dividieren. Daher müssen wir mit 67 : 8 beginnen.

Übungen

1 Dividiere. Führe stets eine Probe durch.
a) 265 : 5   d) 732 : 3   g) 928 : 8
b) 466 : 2   e) 864 : 4   h) 966 : 6
c) 693 : 9   f) 861 : 7   i) 1106 : 7

2 Dividiere. Es bleibt ein Rest.
a) 279 : 6   d) 591 : 8   g) 2137 : 6
b) 423 : 7   e) 572 : 9   h) 3409 : 8
c) 545 : 3   f) 653 : 4   i) 7369 : 5
Es treten nacheinander die Reste 3, 3, 2, 7, 5, 1, 1, 1, 4 auf.

3 Dividiere große Zahlen.
a) 425 000 : 5   e) 1 752 100 : 7
b) 203 000 : 7   f) 3 402 000 : 6
c) 344 000 : 8   g) 70 389 000 : 9
d) 708 000 : 4   h) 12 511 600 : 8

4 Überschlage zuerst, dann rechne schriftlich. Manchmal bleibt ein Rest.
a) 1724 : 2   f) 3189 : 4   k) 6714 : 6
b) 1635 : 5   g) 4138 : 3   l) 6385 : 7
c) 1954 : 7   h) 4621 : 8   m) 7216 : 2
d) 2221 : 5   i) 5218 : 3   n) 8342 : 6
e) 2948 : 8   j) 6234 : 9   o) 9421 : 4

5 Führe zu den Aufgaben aus Übung 4 die Probe durch.

Beispiel:
2731 : 3 = 910 R 1
Probe: 910 · 3 + 1 = 2731

6 Dividiere folgende Zahlen durch 4, 5, 6 und 7.
a) 31 538   d) 84 520   g) 16 940
b) 76 431   e) 603 405   h) 326 004
c) 80 211   f) 654 209   i) 832 664

7 Stelle mit den gegebenen Zahlen Divisionsaufgaben zusammen. Wie viele Divisionsaufgaben sind möglich? Bei welchen Divisionen bleibt kein Rest?

16 458	17 883		6	7
	11 656	:		8
17 171				9

8 Acht Kinder wollen Kastanienmännchen basteln. Sie haben zusammen 438 Kastanien gesammelt, die sie gleichmäßig verteilen. Wie viele Kastanien erhält jedes Kind? Wie viele Kastanien bleiben übrig?

9 In einer Woche wurden auf einer Hühnerfarm 17 640 Eier in 6er-Packungen verpackt. Wie viele Packungen wurden gebraucht?

10 Familie Bauer hat sieben Tage Urlaub am Schliersee gemacht und 1386 € ausgegeben. Wie viel Euro waren das je Tag?

11 Frau Maier fährt von Nürnberg nach Dortmund (534 km) in sechs Stunden. Wie viel Kilometer hat sie pro Stunde zurückgelegt?

12 Der Inter-City-Express (ICE) fährt die Strecke München – Hamburg in sechs Stunden. Die Strecke ist 822 km lang. Wie viel Kilometer legt er pro Stunde zurück?

13 Ein Jahr hat 365 Tage, eine Woche hat sieben Tage. Berechne, wie viele Wochen ein Jahr hat. Ein Schaltjahr hat 366 Tage?

14 An wie viele Lottospieler (Anzahl von 1, ..., 10) kann man einen Gewinn von 846 € ohne Rest gleichmäßig verteilen?
Jeder Spieler soll nur ganze €-Beträge erhalten.

15 „Wenn man eine Zahl durch eine einstellige Zahl teilt, kann niemals der Rest 9 auftreten", behauptet Hans. Prüfe nach, indem du 4199 nacheinander durch 2, ..., 9 teilst. Welche Reste treten auf?

Wir dividieren schriftlich durch mehrstellige Zahlen

Eine 5. Klasse plant eine Klassenfahrt. Für Anreise, Unterkunft und Verpflegung sind insgesamt 972 € zu zahlen.
Bernd sammelt das Geld ein. Wie viel € muss jeder der 27 Schüler bereithalten?
Bernd dividiert 972 durch 27. Das ist eine Division durch eine zweistellige Zahl.

Durch zwei- oder mehrstellige Zahlen wird nach dem gleichen Rechenverfahren dividiert wie durch einstellige Zahlen.

Beispiel 1   Wir dividieren 972 durch 27.

```
 972 : 27 = 3
- 81        · 27
  16
```

```
 972 : 27 = 36
- 81 ↓
  162
- 162        · 27
    0
```

In Endform:
```
 972 : 27 = 36
- 81
  162
- 162
    0
```

Probe:
```
  36 · 27
  ─────
     72
+   252
  ─────
    972
```

Jeder Schüler muss 36 € zahlen.

Wir zeigen nun weitere Divisionen mit und ohne Rest.

Beispiel 2

a)
```
 4956 : 12 = 413
- 48
  15
- 12
   36
 - 36
    0
```

b)
```
 1426 : 25 = 57 R 1
- 125
  176
- 175
    1
```

c)
```
 14687 : 72 = 203 R 71
- 144
   287
 - 216
    71
```

Auch bei der Division müssen wir auf die **Bedeutung der Nullen** achten.

Beispiel 3   Dividiere 98 880 durch 24.

```
 98880 : 24 = 4120
-96 ↓
  28
- 24 ↓
   48
 - 48 ↓
    00
     0
     0
```

Dividieren	Multiplizieren	Subtrahieren	herunterziehen
9 : 24 geht nicht			
98 : 24 geht 4-mal	4 · 24 = 96	98 − 96 = 2	8 herunter
28 : 24 geht 1-mal	1 · 24 = 24	28 − 24 = 4	8 herunter
48 : 24 geht 2-mal	2 · 24 = 48	48 − 48 = 0	0 herunter
0 : 24 geht **0**-mal	0 · 24 = **0**	0 − 0 = 0	−

Übungen

1 Dividiere schriftlich.
a) 285 : 19   e) 504 : 24   i) 832 : 26
b) 406 : 14   f) 648 : 18   j) 874 : 23
c) 408 : 12   g) 714 : 21   k) 884 : 52
d) 504 : 21   h) 918 : 34   l) 1278 : 71

Ergebnisse: 15, 17, 18, 21, 24, 27, 29, 32, 34, 34, 36, 38

2 Führe zunächst eine Überschlagsrechnung durch. Dann dividiere schriftlich.
Beispiel: 7344 : 24
Überschlagsrechnung: 7500 : 25 = 300
Genaues Ergebnis: 306
a) 1344 : 16   d) 1430 : 55   g) 8470 : 70
b) 2142 : 42   e) 2856 : 28   h) 18 176 : 71
c) 1377 : 51   f) 1705 : 55   i) 10 052 : 28

3 Dividiere die Zahlen 415; 638; 721; 805
a) durch 14   b) durch 24   c) durch 34.
Mache zunächst eine Überschlagsrechnung.

4 Dividiere. Mache die Probe durch Multiplizieren.
Beispiel: 16 730 : 35 = 478
Probe: 478 · 35 = 16 730
a) 22 120 : 56   e) 552 552 : 24
b) 20 148 : 23   f) 202 202 : 91
c) 95 353 : 79   g) 2 039 128 : 52
d) 90 936 : 36   h) 8 470 000 : 25

Ergebnisse: 2526, 338 800, 39 214, 1 207, 876, 23 023, 2 222, 395

5 Es bleibt beim Dividieren ein Rest. Führe zuerst eine Überschlagsrechnung durch.
a) 231 : 17   e) 772 : 92
b) 243 : 21   f) 862 : 61
c) 384 : 31   g) 3185 : 12
d) 482 : 31   h) 3952 : 51

Ergebnisse: 11 R 12, 8 R 36, 77 R 25, 12 R 12, 14 R 8, 13 R 10, 15 R 17, 265 R 5

6 Berechne. Überschlage zuerst.
a) 1938 : 70   d) 3684 : 90
b) 2619 : 30   e) 6632 : 60
c) 2685 : 50   f) 7256 : 40

7 Teile die Zahl 2519 nacheinander durch 2, 3, 4, 5, 6, 7, 8, 9, 10. Achte auf die Reste.

8 In einer Schokoladenfabrik werden je 24 Pralinen in eine Schachtel verpackt. Wie viele Schachteln sind abzupacken bei:
a) 5088 Pralinen   d) 13 200 Pralinen
b) 9528 Pralinen   e) 17 472 Pralinen
c) 9888 Pralinen   f) 30 240 Pralinen

9 Frau Weigel fuhr an 15 Tagen mit dem Wagen denselben Weg zur Arbeit. Insgesamt legte sie 930 Kilometer zurück.
a) Wie viel Kilometer fuhr sie täglich?
b) Wie weit ist ihre Arbeitsstätte von der Wohnung entfernt?

10 Frau Baldauf hat an einer Tankstelle 31,08 € bezahlt und dafür 28 l Benzin getankt. Wie teuer ist ein Liter Benzin? (Rechne mit 3108 Cent.)

11 Die Klassen 5 a (24 Schüler) und 5 b (26 Schüler) machen gemeinsam einen Klassenausflug in die Alpen. Die Fahrtkosten für den Bus betragen 650 €. Wie viel Euro muss jeder Schüler zahlen?

12 Herr Meier kauft sich ein neues Auto für 14 700 €. Er leistet eine Anzahlung von 3300 € und zahlt den Rest in 12 Monatsraten ab.

13 Vergleiche die Angebote aus dem Reiseprospekt.

**** *Hotel Sonne*
14 Tage Halbpension   599 €

**** *Hotel Post*
7 Tage Halbpension   299 €

*Wir lernen verschiedene Rechenmethoden kennen

Es gibt verschiedene Möglichkeiten Additionen, Subtraktionen, Multiplikationen und Divisionen zu berechnen.

Beispiel 1 Man kann auch mit der Ergänzungsmethode subtrahieren. Dabei rechnet man aus, wie viel man zu der unteren Zahl addieren muss, um die obere zu erhalten.

Wir subtrahieren 28 684 von 38 957.

ZT	T	H	Z	E
3	8	9	5	7
− 2	8	6	8	4
				3

↑ 4 + 3 = 7

ZT	T	H	Z	E
			10	
3	8	9	5	7
− 2	8	6	8	4
			1	
			7	3

↑ 8 + 7 = 15

ZT	T	H	Z	E
			10	
3	8	9	5	7
− 2	8	6	8	4
			1	
		2	7	3

↑ 7 + 2 = 9

ZT	T	H	Z	E
			10	
3	8	9	5	7
− 2	8	6	8	4
			1	
	0	2	7	3

↑ 8 + 0 = 8

ZT	T	H	Z	E
			10	
3	8	9	5	7
− 2	8	6	8	4
			1	
1	0	2	7	3

↑ 2 + 1 = 3

Bei den Zehnern ist in dieser Aufgabe die obere Ziffer kleiner als die untere. Um ergänzen zu können, haben wir oben 10 Zehner und unten 1 Hunderter addiert.

Beispiel 2 Viktor ist erst in der 5. Klasse von Russland nach Deutschland gezogen. Er rechnet die Multiplikationsaufgabe 214 · 35 so:

```
241 · 35      241  2
              x35  1
              ────
              1205
               723
              ────
              8435
```

Kannst du erklären, wie er multipliziert?

Frage Eltern, Großeltern oder Mitschüler aus anderen Ländern, wie sie rechnen.

Wiederholen und sichern

1 Ergänze zum vollen Tausender.
a) 777   d) 1790   g) 5077
b) 1899   e) 3115   h) 3242
c) 8512   f) 288   i) 9150

2 Setze „<" oder „>" oder „=" ein.
a) 27 + 18 ■ 31 + 14   c) 39 + 11 ■ 5 · 10
b) 71 − 10 ■ 80 − 21   d) 72 : 3 ■ 45 − 20

3 Addiere schriftlich.
a) 56 789 + 54 322   e) 78 564 + 123 456
b) 304 362 + 28 971   f) 105 976 + 7854
c) 74 255 + 301 465   g) 7392 + 88 247
d) 54 006 + 98 762   h) 356 482 + 399

4 Übertrage ins Heft.
a) *Addiere* die nebeneinander stehenden Zahlen und schreibe die *Summe* darüber.

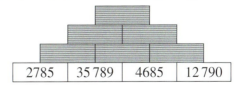

| 2785 | 35 789 | 4685 | 12 790 |

b) *Subtrahiere* die nebeneinander stehenden Zahlen und schreibe die *Differenz* darunter.

| 124 567 | 68 970 | 48 245 | 39 876 |

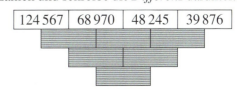

5 Setze die Rechenzeichen so ein, dass die Rechnung richtig wird.

Beispiel: $4 \cdot 5 : 10 = 2$

a) 72 ☐ 8 ☐ 3 = 3
b) 5 ☐ 8 ☐ 2 = 20
c) 100 ☐ 2 ☐ 5 = 10
d) 100 ☐ 2 ☐ 5 = 40
e) 2 ☐ 3 ☐ 4 ☐ 24 = 1

6 Multipliziere jede Zahl der linken Seite mit jeder Zahl der rechten Seite.

a)
178		7
209	·	11
317		27

b)
20 790		109
73 589	·	250
12 702		867

7 Dividiere schriftlich. Mache vor der Rechnung einen **Überschlag**.

a) 154 : 7   g) 1701 : 3   m) 1386 : 42
b) 2664 : 8   h) 8008 : 8   n) 138 138 : 69
c) 11 106 : 9   i) 4185 : 31   o) 14 314 : 17
d) 18 180 : 6   j) 39 627 : 51   p) 6060 : 12
e) 32 140 : 5   k) 14 504 : 14   q) 96 138 : 21
f) 29 322 : 9   l) 43 284 : 12   r) 201 888 : 32

8 Setze das richtige Zeichen <, > oder = ein.

a) 720 : 60 ☐ 144 : 12
b) 5600 : 80 ☐ 3 · 4 · 6
c) 111 · 9 ☐ 333 · 3
d) 88 · 44 ☐ 99 · 33

9 Eine Straßenbaufirma teert eine Straßendecke nach Bauarbeiten neu.
Am Tag schafft die Teermaschine 165 m. Nach 12 Tagen ist die Straße fertig geteert.

10 ANGEBOT: Schullandheim „Mooshütte" für nur 10,50 € Ü/VP pro Tag !!!
Die 25 Schüler der Klasse 5 a bleiben 5 Tage.

11 Berechne, wie viele Tage du alt bist. Rechne geschickt, achte auf Schaltjahre (alle 4 Jahre wird 1 Tag zusätzlich festgelegt, z. B. im Jahr 1992).

12 Stelle verschiedene Rechenwege dar und berechne.

Beispiel:

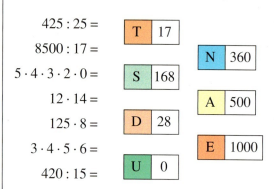

a) 319 − 187   c) 416 − 246   e) 283 + 114
b) 78 + 49   d) 213 + 63   f) 114 − 83

13 Die Ergebnisse bilden ein Lösungswort:

425 : 25 =
8500 : 17 =
5 · 4 · 3 · 2 · 0 =
12 · 14 =
125 · 8 =
3 · 4 · 5 · 6 =
420 : 15 =

T	17
N	360
S	168
A	500
D	28
E	1000
U	0

14 In einem Fahrstuhl hängt ein Schild: Mit welchem Gewicht pro Person wird gerechnet?

maximal 8 Personen oder 600 kg

15 Bei diesem magischen Quadrat wird multipliziert.
Das Produkt in den Spalten, den Zeilen und den Diagonalen ist 4096. Zeichne ab und ergänze.

16 Schreibe den Rechenausdruck und rechne.
a) Multipliziere 15 und 8.
b) Berechne das Produkt aus 12 und 9.
c) Dividiere 220 durch 4.
d) Addiere die Summe aus 12 und 28 zum Produkt aus 12 und 20.

17 Herr Manz hat 14 Kästen mit Dias von seinen Urlaubsreisen. In jedem Kasten sind zwei Reihen zu je 36 Dias. Wie viele Dias hat Herr Manz?

Terme und Gleichungen

Tobi sagt zu Valentin:
„Wenn ich dir von meinen 14 Sammelkarten 5 gebe, haben wir beide gleich viele".

Terme, Rechenregeln, Rechengesetze

Wir entwickeln Terme mit Zahlen

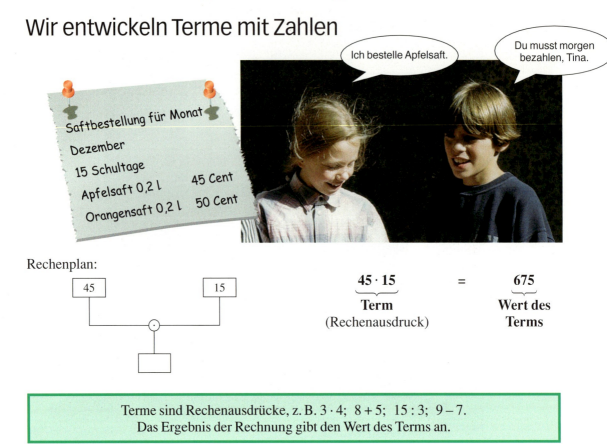

Rechenplan:

$$\underbrace{45 \cdot 15}_{\substack{\textbf{Term} \\ \text{(Rechenausdruck)}}} = \underbrace{675}_{\substack{\textbf{Wert des} \\ \textbf{Terms}}}$$

> Terme sind Rechenausdrücke, z. B. 3 · 4; 8 + 5; 15 : 3; 9 – 7.
> Das Ergebnis der Rechnung gibt den Wert des Terms an.

Tinas Zwillingsschwester Mona möchte Orangensaft bestellen. Ihre Mutter bereitet das Geld für beide vor:

Saftgeld für Tina: Saftgeld für Mona:

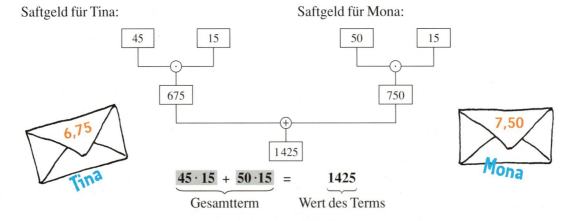

$$\underbrace{45 \cdot 15 + 50 \cdot 15}_{\text{Gesamtterm}} = \underbrace{1425}_{\text{Wert des Terms}}$$

> Einzelne Terme können zu Gesamttermen zusammengefasst werden.

Terme, Rechenregeln, Rechengesetze

Übungen

1 Pausenverkauf:

Käsesemmel	90 Ct
Wurstsemmel	85 Ct
Apfel	40 Ct
Müsliriegel	45 Ct

Entwickle passende Terme und zeichne Rechenpläne.
a) Susanne kauft eine Käse- und eine Wurstsemmel.
b) Benjamin möchte zwei Äpfel.
c) Carlo verlangt zwei Müsliriegel und einen Apfel.
d) Anna braucht eine Käsesemmel, eine Wurstsemmel und zwei Äpfel.

2 Hausmeister Lindner bietet in der Pause auch einzelne Säfte an. Der Apfelsaft kostet je Flasche 45 Ct, der Orangensaft je 50 Ct. Heute konnte er 12 Flaschen Apfel- und 9 Flaschen Orangensaft verkaufen.
Entwickle einen passenden Term.

3 Zu welcher Aussage passt der Term?
$$840 - \square = 720$$
a) Herr Müller bestellt ein Fernsehgerät für 840 €. Er zahlt 720 € an, der Rest des Kaufpreises ist bei Lieferung fällig.
b) Herr Müller kauft ein Fernsehgerät für 840 €. Er leistet bei Bestellung eine Anzahlung und bezahlt den Restbetrag von 720 € bei Lieferung.
c) Herr Müller zahlt bei Bestellung seines neuen Fernsehgerätes 840 € an. Bei Lieferung sind noch 720 € fällig.

d) Das Fernsehgerät kostet 720 €. Bei Bestellung zahlt Herr Müller 840 € an.
e) Da Herr Müller für sein Fernsehgerät nur eine Rate von 720 € anzahlt, verteuert es sich auf 840 €.

4 Yasar kauft drei Flaschen Milch zu je 85 Ct. Er bezahlt mit einem 5-€-Schein. Zeichne einen Rechenplan und entwickle einen Term.

5 Welcher Rechenplan passt zum Text? Eine Fahrt mit dem Taxi kostet 1,55 € für jeden gefahrenen Kilometer. Bei jeder Fahrt wird noch eine Grundgebühr von 2,10 € hinzugerechnet. Matthias fährt 9 Kilometer.

a)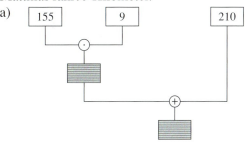

b)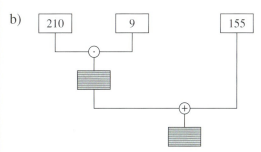

c)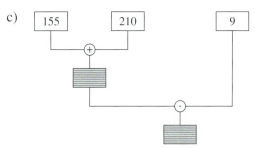

6 Frau Wirth fährt täglich zu ihrer 35 Kilometer entfernten Arbeitsstelle. Wie viele Kilometer legt sie in 20 Arbeitstagen zurück? Finde den richtigen Term.
a) $35 \cdot 20$ d) $35 + 20$
b) $35 \cdot 2 \cdot 20$ e) $35 - 20$
c) $35 \cdot 2 + 20$ f) $35 + 2 \cdot 20$

7 Ein Liter Saft kostet 1,39 €. Herr Fischer kauft 12 Flaschen. Das Kastenpfand beträgt 6,60 €. Wie viel hat er zu bezahlen?

Wir bearbeiten Terme mit Klammern

Peter und Inge berechnen den Wert des Terms: 13 · 5 · 2.
Inge fasst die Zahlen vorteilhaft zusammen. Um zu zeigen, wie zusammengefasst wird, schreibt man **Klammern**.

Beispiel   Wir zeigen, wie Peter gerechnet hat und wie Inge rechnen konnte.

Auch beim Berechnen des Terms 36 + 17 + 13 hilft das Zusammenfassen.

Beispiel

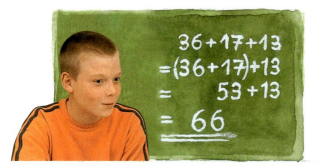

Peter hat zuerst 36 + 17 = 53 gerechnet und dann 13 addiert. Inge hat zuerst 17 + 13 = 30 zusammengefasst und dann 36 + 30 berechnet. Das ist einfacher und vorteilhafter.

> Beim **Addieren** und **Multiplizieren** dürfen wir die einzelnen Zahlen **beliebig durch Klammern zusammenfassen**.

Übungen

1 Welcher Term ist vorteilhafter?
a) (37 + 16) + 24   und   37 + (16 + 24)
b) 112 + (51 + 49)   und   (112 + 51) + 49
c) (258 + 117) + 23 und   258 + (117 + 23)
d) 565 + (79 + 21)   und   (565 + 79) + 21

2 Setze Klammern so, dass die Rechnung möglichst einfach wird.
a) 186 + 17 + 13   c) 5 · 4 · 25
b) 200 + 180 + 320   d) 8 · 25 · 18

3 Zeichne zu den Aufgaben 2 a), b), c) und d) Rechenpläne.

Terme, Rechenregeln, Rechengesetze

(37 − 18) − 8	**aber**	37 − (18 − 8)		(20 : 10) : 2	**aber**	20 : (10 : 2)
= 19 − 8		= 37 − 10		= 2 : 2		= 20 : 5
= 11		= 27		= 1		= 4

> Beim **Subtrahieren** und **Dividieren** dürfen wir die einzelnen Zahlen **nicht beliebig zusammenfassen**.

Übungen

1 Beim Kopfrechnen zerlegt man Zahlen oft so, dass sich **Rechenvorteile** ergeben.

Beispiel:
96 + 117 = (96 + 4) + 113 = 100 + 113 = 213

Schreibe ebenso ausführlich
a) 920 + 84   e) 638 − 48
b) 730 − 65   f) 638 + 72
c) 427 − 29   g) 452 + 97
d) 386 + 414   h) 348 − 67

2 a) Vermehre die Differenz aus 125 und 73 um die Summe von 32 und 49.
b) Vermindere die Summe aus 168 und 99 um 154.

3 Notiere zum Rechenplan einen Term. Fasse mit Klammern zusammen, was zuerst gerechnet wird.

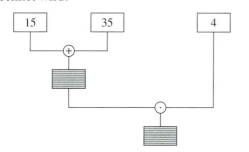

4 Zeichne zu den Termen Rechenpläne.
a) (175 − 50) : 25
b) (19 + 11) · (65 − 25)
c) (650 − 550) : (27 + 23)
Berechne den Term.

5 Ein Bäcker verkauft Brezen:
5 Stück, 3 Stück, 4 Stück, 7 Stück, 12 Stück, 8 Stück, 11 Stück.
Gabi rechnet so:
5 · 70 = 350, 3 · 70 = 210, 4 · 70 = …, …
Dann addiert sie die einzelnen Ergebnisse. Der Bäcker hat 3500 Cent, also 35 €, eingenommen. Kannst du das schneller und einfacher ausrechnen?

6 Übertrage den Rechenplan in dein Heft und vervollständige ihn. Denke dir dazu eine Sachaufgabe aus und schreibe als Term.

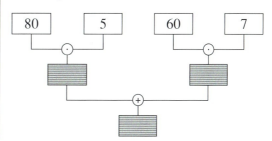

Wir lernen die Klammerregel kennen

Lukas und Romina berechnen die Gesamteinnahmen:

So rechnet Lukas:

Herzhafte Muffins: $37 \cdot 50 = 1850$
Süße Muffins: $59 \cdot 50 = 2950$
Gesamteinnahmen: $1850 + 2950 = 4800$

So überlegt Romina:

Ich fasse die Anzahlen der verkauften Muffins zusammen:
$(37 + 59) \cdot 50 =$
$\quad 96 \quad \cdot 50 =$
$\quad 4800$

48 Euro wurden eingenommen.

Was in Klammern steht, wird zuerst gerechnet.

Was auf Platz 2 und 3 steht, erfährst du auf Seite 55.

Beispiel

a) $\;\;\;3 \cdot (2 + 5)$
$\;= 3 \cdot \quad 7$
$\;= \quad 21$

b) $\;\;\;(3 + 2) \cdot 5$
$\;= \quad 5 \;\cdot 5$
$\;= \quad 25$

c) $\;\;\;(12 - 2) : 5$
$\;= \quad 10 \;\; : 5$
$\;= \quad 2$

d) $\;\;\;12 : (10 - 8)$
$\;= 12 : \quad 2$
$\;= \quad 6$

Übungen

1 a) $8 \cdot (4 + 5)$
b) $(8 + 4) \cdot 5$
c) $(10 - 4) : 2$
d) $(4 \cdot 2) + (24 : 6)$
e) $4 \cdot (2 + 24) - 6$
Ergebnisse: 3, 60, 12, 98, 72

2 Wie musst du bei folgenden Aufgaben die Klammern setzen, sodass sich die Zahl im Kästchen ergibt?

a) $9 + 6 \cdot 4$ $\boxed{60}$
b) $9 + 6 \cdot 4$ $\boxed{33}$
c) $20 - 3 - 2$ $\boxed{19}$
d) $2 + 3 \cdot 3 + 3$ $\boxed{30}$
e) $4 + 4 \cdot 4$ $\boxed{32}$
f) $4 \cdot 4 + 4$ $\boxed{20}$

Terme, Rechenregeln, Rechengesetze

Wir lernen die Punkt-vor-Strich-Regel kennen

Damit wir wissen, wie gerechnet werden soll,
wenn keine Klammern vorhanden sind,
ist festgelegt:

 5 + 7 · 2 = 24

 5 + 7 · 2 = 19

> **Punktrechnung geht vor Strichrechnung**
> **Punktrechnungen** sind Multiplikationen (·) und Divisionen (:).
> **Strichrechnungen** sind Additionen (+) und Subtraktionen (−).

Beispiel

a)	3 · 2 + 5	b)	3 + 2 · 5	c)	12 − 10 : 5	d)	12 : 2 − 2	e)	2 · 3 + (7 − 4)
=	6 + 5	=	3 + 10	=	12 − 2	=	6 − 2	=	6 + 3
=	11	=	13	=	10	=	4	=	9

Übungen

1 Übertrage die Rechenpläne in dein Heft und fülle sie aus. Schreibe dazu die Terme. Setze Klammern, wo es notwendig ist. Denke dir dazu Rechengeschichten aus.

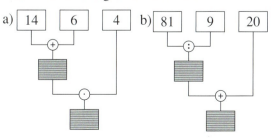

2 Berechne.
a) 127 + 3 · 7
b) (421 + 20) · 2
c) (731 − 31) − (10 − 8)
d) 258 + 13 · 4
e) (46 − 6) · 7
f) (224 + 16) − (105 + 30)
g) 270 + 11 · 5
h) (43 + 209) · 2

Ergebnisse:
105, 148, 280,
310, 325, 504,
698, 882

3 Berechne.
a) (6 − 2) · 3
b) 3 · (6 − 2)
c) (145 − 58) · 5
d) 175 − 18 · 8

Wir lernen das Vertauschungsgesetz kennen

Auf dieser Seite lernst du ein mathematisches Gesetz kennen.
Stelle dir dazu folgende Arbeitskärtchen her:

Mit den Zahlenkärtchen und den Rechenzeichen kannst du nun Aufgaben legen. Übertrage die unten stehende Tabelle ins Heft und notiere deine Ergebnisse. Verwende in einer Spalte immer nur gleiche Rechenzeichen.

$+$	$\cdot$	$-$	$:$
$4 + 8 + 2 = 14$	$4 \cdot 8 \cdot \ldots = \ldots$	$8 - 4 - \ldots = \ldots$	$8 : 4 : \ldots = \ldots$

Was stellst du fest?

Du hast ein mathematisches Gesetz gefunden:

> **Das Vertauschungsgesetz:**
> Beim Addieren (+) und Multiplizieren (·) darf man die Zahlen beliebig vertauschen.
> Das Ergebnis bleibt immer gleich.
> Beim Subtrahieren (–) und Dividieren (:) darf man nicht vertauschen, denn die Ergebnisse verändern sich.

Beispiel

Addieren
$114 + 59 + 16 = 59 + 114 + 16$
  vertauschen
$= 59 + (114 + 16)$ ◄— Vorteil —►
$= 59 + \quad 130$
$= \quad\quad 189$

Multiplizieren
$25 \cdot 19 \cdot 4 = 25 \cdot 4 \cdot 19$
  vertauschen
$= (25 \cdot 4) \cdot 19$
$= \quad 100 \cdot 19$
$= \quad\quad 1900$

Subtrahieren
$35 - 18 = 17$
$18 - 35 = ?$

Dividieren
$350 : 50 = 7$
$50 : 350 = ?$

Terme, Rechenregeln, Rechengesetze

Übungen

1 Welche Waagen bleiben im Gleichgewicht?
a) 15 + 72 △ 72 + 15
b) 16 · 5 △ 5 · 16
c) 79 − 25 △ 25 − 79
d) 81 : 9 △ 9 : 81

2 Baue mit diesen Steinen Mauern und rechne aus.

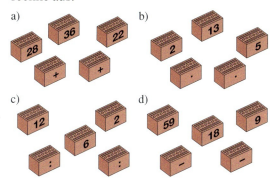

3 Rechne möglichst einfach.
a) 5 · 87 · 2
b) 2 · 78 · 5
c) 18 · 90 · 5
d) 7 · 2 · 6 · 5
e) 3 · 5 · 4 · 2
f) 4 · 5 · 9 · 5
g) 2 · 7 · 25 · 2
h) 3 · 4 · 25 · 5
i) 7 · 15 · 3 · 2
j) 25 · 4 · 7 · 3

4 Berechne.
a) 755 + 75 + 92
b) 412 + 29 + 48
c) 477 + 98 + 23
d) 569 + 24 + 41
e) 5 · 13 · 4
f) 25 · 7 · 8
g) 15 · 13 · 6
h) 12 · 14 · 15
i) 145 + 67 + 55
j) 678 + 93 + 22
k) 924 + 25 + 36
l) 310 + 84 + 190
m) 42 · 7 · 5
n) 14 · 12 · 25

5 Rechne vorteilhaft und zeichne dazu die Rechenpläne.
a) 28 + 39 + 72
b) 70 + 44 + 36
c) 190 + 210 + 33
d) 15 · 3 · 6
e) 15 · 5 · 6
f) 86 + 74 + 14
g) 97 + 87 + 13
h) 55 + 55 + 45
i) 46 · 4 · 15
j) 82 · 5 · 7

Ergebnisse: 139, 155, 150, 2760, 270, 433, 174, 2870, 450, 197

6 Herr Faber fährt mit dem Auto von Salzburg nach Garmisch-Partenkirchen (188 km), von dort aus nach Ulm (194 km). Von Ulm fährt er nach Würzburg (202 km) und von dort weiter nach Hof (236 km).
Rechne vorteilhaft.

7 Vertausche geeignete Zahlen und fasse in Klammern zusammen, ehe du ausrechnest.
a) 28 + 36 + 22
b) 225 + 116 + 125
c) 368 + 79 + 32
d) 423 + 99 + 27
e) 382 + 125 + 275
f) 367 + 98 + 23
g) 134 + 166 + 120
h) 186 + 41 + 14

8 Rechne vorteilhaft.
a) 731 + 67 + 69 + 13
b) 451 + 127 + 109 + 203 + 10
c) 111 + 222 + 89 + 188
d) 208 + 215 + 202 + 225

9 In einem Wohngebiet werden vier Hochhäuser errichtet. Jedes Hochhaus soll acht Etagen haben. Auf jeder Etage sollen fünf Wohnungen liegen. Wie viele Wohnungen gibt es in den Hochhäusern?

10 Georg schwimmt 25 Bahnen in einem 50-m-Becken. Stefan schwimmt 50 Bahnen in einem 25-m-Becken.

Bist du fit?

1. Übertrage das Kreuzzahlrätsel in dein Heft und rechne.

waagerecht
1 1604 · 3
6 4509 : 9
7 1953 : 21
9 7 + 13 · 6
10 2000 − 1034
12 7050 − 3981

senkrecht
2 595 : 7
3 546 − 438
4 1 + 43 · 50
5 10 000 − 6007
8 11 · 36 − 36
11 100 − 17 · 2

Wir lernen das Verbindungsgesetz kennen

Bei der Arbeit mit folgenden Stationen kannst du ein weiteres mathematisches Gesetz herausfinden.

Station 1

Ronald und Anna berechnen die gleiche Aufgabe auf unterschiedlichen Wegen:

```
      Ronald              Anna-Maria
   35 + 220 + 180        35 + 220 + 180
 = (35 + 220) + 180    = 35 + (220 + 180)
 =    255    + 180    = 35 +    400
 =         435         =       435
```

a) Beschreibe die Wege.
b) Welcher Weg nutzt einen Rechenvorteil?
c) Welche Aufgabe haben die Klammern?

Station 2

Elisabeth und Johannes lösen Multiplikationsaufgaben:

```
     Elisabeth           Johannes
      5 · 40 · 7          5 · 40 · 7
   = 5 · (40 · 7)      = (5 · 40) · 7
   = 5 · 280           =  200  · 7
   =  1400             =   1400
```

Was geschieht, wenn die Klammern unterschiedlich eingesetzt werden?

Station 3

Barbara und Jochen rechnen Subtraktionsaufgaben:

```
     Barbara              Jochen
    49 – 18 – 7          49 – 18 – 7
 = (49 – 18) – 7       = 49 – (18 – 7)
 =    31    – 7        = 49 –   11
 =         24          =       38
```

a) Wer hat richtig gerechnet?
b) Was stellst du fest?

Station 4

Matthias und Nicole lösen Divisionsaufgaben:

```
     Matthias            Nicole
    40 : 10 : 2         40 : 10 : 2
 = (40 : 10) : 2      = 40 : (10 : 2)
 =    4     : 2       = 40 :   5
 =         2          =       8
```

a) Was stellst du fest?
b) Welches Ergebnis bekommst du, wenn du ohne Klammern rechnest?

> **Das Verbindungsgesetz:**
> Beim Addieren (+) und Multiplizieren (·) dürfen wir Zahlen beliebig verbinden.
> Dies gilt nicht für Subtraktion (–) und Division (:).

Terme, Rechenregeln, Rechengesetze

Übungen

1 Berechne. Wo kannst du Klammern weglassen?
a) (2 · 3) + 11
b) (2 + 7) · 9
c) 12 + (9 · 2)
d) (7 · 6) + 13
e) 13 + (5 · 6)
f) (7 + 17) : 3
g) 32 − (18 : 2)
h) (9 : 3) − 2
i) (12 · 9) + (3 · 5)
j) (160 : 4) + (3 · 17)

Ergebnisse: 1, 8, 17, 23, 30, 43, 55, 81, 91, 123

2 Berechne.
a) 7 · 4 + 2 · (3 − 1)
b) 5 · (12 − 3) + (2 + 4) · 9
c) 3 + 4 · (5 + 2 · 3)
d) 6 · 8 − 5 · (6 − 3)
e) 3 · (8 + 1) − 7 · (30 − 27)
f) 6 · 4 − 5 · (10 − 5 · 2)
g) 5 · 9 + (8 − 7) · 24
h) 2 · 3 + 18 − 3 · 5
i) 5 · (4 − 2) − 8 + 2 · 13

Ergebnisse: 6, 9, 24, 28, 32, 33, 47, 69, 99

3 Frank kauft ein: Fünf Schulhefte zu je 45 Cent, drei Bleistifte zu je 55 Cent und einen Radiergummi zu 60 Cent. Zeichne einen Rechenplan und schreibe dazu einen Term. Wie viel muss Frank zahlen?

4  Karl Friedrich Gauß

Gauß bekam von seinem Lehrer in der Volksschule eine Kettenaufgabe gestellt, welche die Schüler der Klasse für längere Zeit mit Rechnen beschäftigen sollte: Die Zahlen von 1–100 waren zu addieren. Kurz nachdem der Lehrer die Aufgabe gestellt hatte, brachte Gauß ihm das Ergebnis 5050 auf seiner Schiefertafel.
Hast du eine Idee, wie der Schüler Gauß die Zahlen so schnell addieren konnte?

Lösung:
Er fasste 49-mal je 2 Zahlen zusammen, also 1 + 99; 2 + 98; …; 49 + 51.
Dies ergab 49 · 100 = 4900.
Dazu rechnete er noch in der Rechnung fehlenden Zahlen 100 und 50.

5 Sabines Schulweg ist 2 km lang, Dieters Schulweg 3 km und Elkes Schulweg 4 km. Sie haben an fünf Tagen in der Woche Unterricht. Wie viele Kilometer fahren die drei Schüler mit ihrem Fahrrad in einer Woche? Zeichne einen Rechenplan. Notiere einen Term und rechne.

6 Rechne. Du wirst etwas *Besonderes* entdecken.

0 · 9 + 8   9 876 · 9 + 4
9 · 9 + 7   98 765 · 9 + 3
98 · 9 + 6   987 654 · 9 + 2
987 · 9 + 5   9 876 543 · 9 + 1

7 Suche zu jedem Aufgabentext den passenden Rechenausdruck und rechne dann.
a) Multipliziere 5 mit 27 und addiere 15.
b) Multipliziere die Summe von 27 und 15 mit 5.
c) Subtrahiere von der Summe aus 27 und 5 die Zahl 15.
d) Addiere zu 27 das Produkt aus 5 und 15.

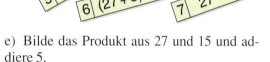

1 (27 + 15) · 5
2 27 − 5 + 15
3 27 + 5 · 15
4 27 · (5 + 15)
5 5 · 27 + 15
6 (27 + 5) − 15
7 27 · 15 + 5

e) Bilde das Produkt aus 27 und 15 und addiere 5.

8

Finde die Terme zum Berechnen der Gesamtpreise und der Einnahmen und rechne nach.

9 Rechne möglichst vorteilhaft.
a) $41 + 75 + 35$ d) $24 + 67 + 33$
b) $75 + 67 + 13$ e) $95 + 48 + 12$
c) $97 + 78 + 12$ f) $78 + 97 + 13$

10 Rechne vorteilhaft.
a) $98 \cdot 5 \cdot 2$ d) $37 \cdot 25 \cdot 4$ g) $37 \cdot 200 \cdot 5$
b) $34 \cdot 5 \cdot 20$ e) $65 \cdot 20 \cdot 5$ h) $87 \cdot 20 \cdot 5$
c) $74 \cdot 2 \cdot 5$ f) $97 \cdot 5 \cdot 20$ i) $56 \cdot 5 \cdot 200$

11 Rechne vorteilhaft, indem du das Vertauschungsgesetz und das Verbindungsgesetz anwendest.
Beispiel: $288 + 177 + 12 = \square$
$288 + 177 + 12 = 288 + 12 + 177$ vertauschen
$= (288 + 12) + 177$ verbinden
$= 300 + 177$
$= 477$

a) $75 + 41 + 35$ f) $370 + 165 + 230$
b) $37 + 75 + 13$ g) $465 + 218 + 235$
c) $78 + 14 + 12$ h) $356 + 512 + 144$
d) $67 + 24 + 33$ i) $528 + 702 + 62$
e) $36 + 75 + 44$ j) $338 + 93 + 12$

12 Rechne möglichst vorteilhaft.
a) $43 + 51 + 47 + 29$ i) $68 \cdot 5 \cdot 2$
b) $75 + 43 + 25 + 47$ j) $47 \cdot 50 \cdot 2$
c) $188 + 57 + 43 + 12$ k) $135 \cdot 25 \cdot 4$
d) $548 + 187 + 2 + 13$ l) $18 \cdot 250 \cdot 4$
e) $455 + 318 + 245$ m) $46 \cdot 5 \cdot 20$
f) $628 + 245 + 72$ n) $78 \cdot 2 \cdot 5$
g) $356 + 128 + 244$ o) $88 \cdot 5 \cdot 200$
h) $728 + 315 + 72$ p) $27 \cdot 200 \cdot 5$

13 a) Baue mit diesen Zahlen Rechnungen. Verwende dabei auch Klammern.

$\boxed{17}$ $\boxed{25}$ $\boxed{2}$
$\boxed{100}$ $\boxed{50}$

b) Fülle die Lücken mit den Zahlen.
$(\square + \square) + \square = \boxed{175}$
$\square \cdot (\square \cdot \square) = \boxed{2500}$
$\boxed{100} - (\square - \square) - \square = \boxed{73}$

14 Wende die Rechenregeln an.
a) $843 - 181 - 71$
b) $(843 - 181) - 71$
c) $843 - (181 - 71)$
d) $4 \cdot 32 + 75$
e) $4 \cdot (32 + 75)$
f) $4 \cdot 75 + 32$
g) $32 \cdot (4 + 75)$
h) $75 \cdot 32 + 4$
Ergebnisse: 203, 332, 428, 591, 591, 733, 2404, 2528

15 Die Klammern sind verschwunden!
$55 - 28 - 10 = 37$
$96 : 32 : 8 = 24$
$120 - 85 - 35 - 14 = 14$

16 Findest du den richtigen Rechenweg?
$6 \cdot 7 + 24 : 6 - 15 \cdot 3 - 1 = 0$

17 Berechne.
a) $8 \cdot 4 + 5$ h) $10 - (4 : 2)$
b) $8 \cdot (4 + 5)$ i) $(5 + 3) \cdot (7 - 4)$
c) $(8 + 4) \cdot 5$ j) $5 + 3 \cdot 7 - 4$
d) $8 + 4 \cdot 5$ k) $(5 + 3) \cdot 7 - 4$
e) $10 - 6 : 3$ l) $5 + 3 \cdot (7 - 4)$
f) $(10 - 4) : 2$ m) $16 : (8 : 4)$
g) $10 : 2 - 4$ n) $(16 - 8) - 4$

18

Blütenblätter:
$(731 - 31) - 108$
$258 + 13 \cdot 4$
$(46 - 6) \cdot 7$
$(224 + 16) - (108 - 30)$
$(421 + 20) \cdot 2$
$270 + 11 \cdot 5$
$127 + 3 \cdot 7$

Zentrum: 310 420 592 882 105 325 501 148 162 280

19 Berechne. Manche Klammern sind unnötig!
a) $(2 \cdot 3) + 11$ e) $(7 + 17) : 3$
b) $(2 + 7) \cdot 9$ f) $132 - (18 : 2)$
c) $13 + (5 \cdot 6)$ g) $(12 \cdot 9) + (3 \cdot 5)$
d) $(9 : 3) - 2$ h) $(160 : 4) + (17 - 10)$

Terme, Rechenregeln, Rechengesetze

Wir entwickeln Terme mit Variablen

Max und Viktor bereiten die Saftbestellung für die Abgabe beim Hausmeister vor und sammeln das Geld ein.

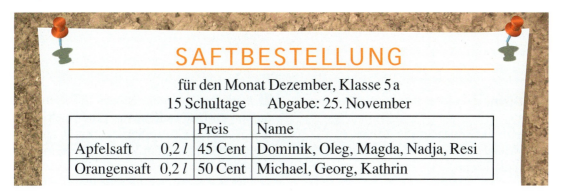

Max und Viktor arbeiten am Computer. Da sich die Anzahl der Kinder, die Saft bestellen, von Monat zu Monat verändert, führen sie **Platzhalter** ein: *x* **für die Anzahl der Kinder, die Apfelsaft bestellen**.

Rechenplan für den Apfelsaft:

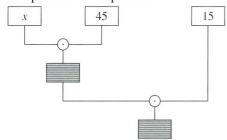

Term zum Berechnen des Betrags:

$$x \cdot 45 \cdot 15$$

Für $x = 5$ lautet der Term:

$$5 \cdot 45 \cdot 15$$

Der Monatspreis beträgt:

3375 Cent oder 33,75 Euro.

> In Termen können Platzhalter stehen. Sie heißen **Variable** und werden mit kleinen Buchstaben bezeichnet, z. B. a, b, c, x, y, z. Für diese Variablen können Zahlen eingesetzt werden.

Wir setzen in den Rechenplan die für *x* und *y* angegebenen Werte ein und berechnen:

Der Term lautet: $(x+y) \cdot 3$

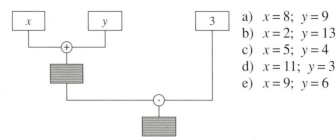

a) $x = 8$; $y = 9$
b) $x = 2$; $y = 13$
c) $x = 5$; $y = 4$
d) $x = 11$; $y = 3$
e) $x = 9$; $y = 6$

Übungen

1 Setze nacheinander die Zahlen 6, 16, 26 und 36 für *a* und *b* in die Rechenpläne ein. Wie lauten die Terme?

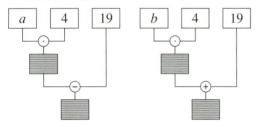

2 Schreibe als Term.
a) Das Dreifache einer Zahl *x*.
b) Die Summe von *x* und *y*.
c) Das Vierfache einer Zahl *x*, das um 7 vermindert wird.
d) Die Summe von 15 und dem Achtfachen einer Zahl *y*.
e) Ordne die Rechenpläne den Aufgaben a) bis d) zu.

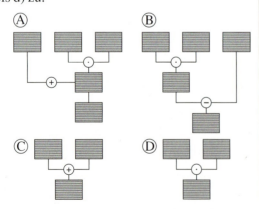

3 Carla hat in einem Monat 255 Einheiten mit ihrem Handy telefoniert. Eine Telefoneinheit kostet 4 Ct. Außerdem muss sie als Grundgebühr für ihren Vertrag 4,99 € monatlich bezahlen.
a) Gib den Term für die monatliche Handyrechnung an, indem du die Anzahl der Einheiten durch eine Variable ersetzt.
b) Berechne nun die Kosten.
c) In den Folgemonaten hat Carla 301, 189, 267 und 345 Telefoneinheiten verbraucht.
Errechne die Kosten, arbeite wenn möglich auch mit dem Computer.
d) Erkundige dich im Fachhandel nach Handyangeboten und vergleiche die entstehenden Kosten.

4 Formuliere für folgende Terme kurze Rechengeschichten.
a) $x \cdot 12 + 35$ e) $y \cdot 19 - 25$
b) $y \cdot 7 - 5$ f) $z \cdot 27 + 1$
c) $x \cdot 11 - 33$ g) $y \cdot 10 - 10$
d) $z \cdot 35 + 135$ h) $x \cdot 18 + 80$

5 Der Schall legt in einer Sekunde ungefähr 330 m zurück.
Schreibe eine Tabelle für die Entfernung eines Blitzes, wenn 1, 2, 3, … 15 Sekunden zwischen Blitz und Donner vergehen.
Wie heißt der Term?

1 Sekunde	330 m
2 Sekunden	

6 Gib für das folgende Ablaufdiagramm den Term an.

Terme, Rechenregeln, Rechengesetze

Gleichungen

Wir arbeiten mit Gleichungen

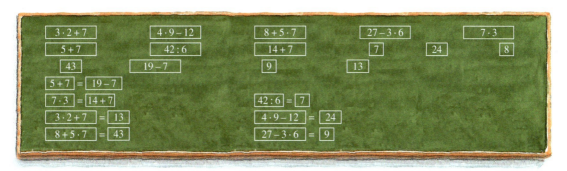

> Zwei Terme, die den gleichen Wert haben, bilden eine **Gleichung**.
> Sie werden durch ein Gleichheitszeichen (=) verbunden.

Wie bei Termen können auch in Gleichungen Variable (Platzhalter) verwendet werden:

Ich denke mir eine Zahl addiere 5 und erhalte 13.

x + 5 = 13

Diese Gleichung können wir auf verschiedene Weise darstellen.

1. Waagemodell:

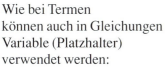
$x + 5 = 13$

Die Waage ist im Gleichgewicht.

Auf beiden Seiten streichen wir (nehmen wir) 5 weg.

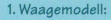
$x = 8$

Die Waage ist wieder im Gleichgewicht.

Probe: $8 + 5 = 13$

Die Lösung ist $x = 8$.

2. Streifenmodell:

x	5
13	

Terme und Gleichungen

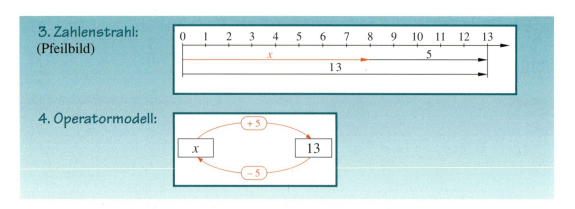

Die Darstellungen helfen beim **Lösen der Gleichungen**, d. h. beim Berechnen der Variablen x. Um die Gleichung $x + 5 = 13$ rechnerisch zu lösen, verwenden wir die **Umkehraufgabe**.

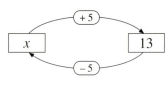

Gleichung: $\qquad x + 5 = 13$

Umkehraufgabe: $\qquad x = 13 - 5$

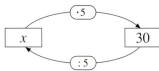

Gleichung: $\qquad x \cdot 5 = 30$

Umkehraufgabe: $\qquad x = 30 : 5$

Hier musst du besonders aufpassen:

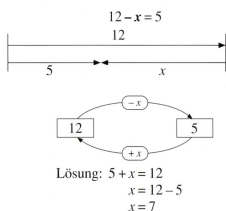

Lösung: $5 + x = 12$
$\qquad\quad x = 12 - 5$
$\qquad\quad x = 7$

$16 : x = 8$

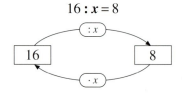

Lösung: $8 \cdot x = 16$
$\qquad\quad x = 16 : 8$
$\qquad\quad x = 2$

Übungen

1
a) $x + 17 = 59$
b) $7 \cdot y = 84$
c) $35 - z = 13$
d) $121 : a = 11$
e) $325 + b = 491$
f) $c \cdot 9 = 225$
g) $m : 5 = 75$
h) $75 : o = 3$
i) $210 - d = 155$
j) $x \cdot 350 = 2450$

2 Löse mithilfe verschiedener Modelle.
a) $18 - z = 3$
b) $101 + a = 163$
c) $36 : x = 12$
d) $y \cdot 15 = 105$
e) $b \cdot 4 + 16 = 32$
f) $20 + c - 25 = 25$
g) $x : 5 = 8$
h) $a + 33 = 125$
i) $x + 3 = 42 \cdot 2$
j) $111 + 33 = y \cdot 12$
k) $a : 15 = 15$
l) $28 - x = 162 - 144$

Wir setzen Gleichungen an und lösen sie

Frau Meier entdeckt im Kaufhaus ein günstiges Angebot. Sie möchte wissen, wie viel ein Handtuch kostet, doch der Preisaufkleber ist abgerissen. Kannst du ihr helfen?

Wenn wir die Rechenfrage mit einer Gleichung beantworten wollen, müssen wir überlegen, was wir mit x bezeichnen.

Wir legen deshalb fest:
Der Preis eines Handtuchs wird mit x notiert: **x: Preis eines Handtuchs**

Die Gleichung lautet dann: $x \cdot 4 = 12$

Wir lösen mit der Umkehraufgabe: $x = 12 : 4$

Lösung: $x = 3$

Antwort: Ein Handtuch kostet 3 €.

Übungen

1 Löse durch eine Gleichung.
Überlege was du mit x bezeichnest.
a) Frau Weggel brachte ihren Sohn an 9 Tagen zur Krankengymnastik. Sie fuhr insgesamt 198 Kilometer.
b) Vincent sagt: „Mein Vater ist 44 Jahre alt. Er ist 4-mal so alt wie ich.
c) Beim Einkaufen bezahlte Herr Winter mit einem 50-€-Schein. Er bekam 25,55 € Rückgeld.
d) An der Schwimmbadkasse bezahlt Peter für sich und seine 3 Freunde den Eintritt. Es kostet insgesamt 24 €.
e) Anna hat 230 € gespart. Den Restbetrag für ihr neues Fahrrad, das 350 € kostet, möchte sie in 6 Monatsraten bezahlen.
(2 Gleichungen aufstellen)

2 In einer Sonderaktion kostet der Anorak statt 130 € nur noch 85 €.
Setze eine Gleichung an.

3 Familie Körber belädt für die Ferienreise ihren Wohnwagen. Das Leergewicht des Wohnwagens beträgt 950 Kilogramm. Nach dem Beladen wiegt der Anhänger 1325 Kilogramm.

4 Im Werkunterricht hat Herr Friedlein von einer 1,50 m langen Leiste 3 Stücke abgeschnitten. Nun sind noch 0,60 m übrig.

5 Eine Busreise kostet für 30 Personen 3600 €. Kurz vor Reiseantritt sagen 5 Teilnehmer ab. Wie hoch ist jetzt der Beitrag je Person? Rechne mit einer Gleichung, verwende dabei alle Zahlenangaben.

6 Stelle Gleichungen mit Pfeilbildern dar.
Beispiel: $11 - 3 = 6 + 2$

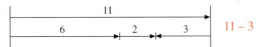

a) $5 + 3 = 4 + 4$ c) $12 - 5 = 4 + 3$
b) $3 + 8 = 14 - 3$ d) $13 - 6 = 12 - 5$

7 Inge bekommt 7,50 € Taschengeld in der Woche. Maria, die 15 € in der Woche erhält, sagt: „Ich bekomme doppelt so viel Taschengeld wie Inge." Stimmt das? Schreibe eine Gleichung.

8 Ein Schwimmbecken ist 15 m breit und 25 m lang. Peter schwimmt 15-mal die Breitseite des Beckens ab, Gerd 9-mal die Längsseite. Sind beide gleich weit geschwommen? Schreibe eine Gleichung und prüfe nach.

9 Bilde mit den folgenden Termen Gleichungen. Verwende jeden Term nur einmal.
Beispiel: $8 \cdot 10 = 104 - 6 \cdot 4$

$8 \cdot 10$ $104 - 6 \cdot 4$
$7 \cdot 9$ $3 \cdot (16 + 5)$
$(100 - 20) \cdot 2$ $80 : (4 \cdot 4)$
$125 : 25$ $40 + (3 \cdot 40)$
$148 + 45 \cdot 3$ $5 \cdot 12$
$500 - 5 \cdot 5$ $5 \cdot 5$
$8 \cdot 9 - 12$ $8 \cdot 50 + 15 \cdot 5$
$125 : 5$ $560 : 2$
$275 + 30 : 6$ $4 \cdot 70 + 3$

10 Markthändler Herrmann hat auf seinem Lkw Kartoffeln zum Markt gebracht. Mittags hat er 92 kg verkauft, 83 kg sind übrig.

a) Wie viel kg Kartoffeln hatte er am Morgen geladen?
Löse mit einer Gleichung.
b) Am Abend rechnet Herr Herrmann ab. In seiner Kasse sind 132,80 €. Ein Kilogramm Kartoffeln verkaufte er für 0,80 €.
c) Bis zum nächsten Markttag ist der noch vorhandene Rest an Kartoffeln verdorben. Herr Herrmann meint: „Den Verlust von 5,40 € kann ich verkraften." Wie teuer war bei dieser Berechnung ein Kilogramm?

11 Bestimme die gesuchte Zahl mithilfe einer Gleichung.

12 Welche Zahlen sind einzusetzen?
a) $x - 30\,342 = 23\,422$
b) $z - 50\,365 = 77\,329$
Quersummen der Ergebnisse: 25, 29.

13 Ergänze die Rechenpläne. Welche Gleichung ist zu lösen?
a)   b)

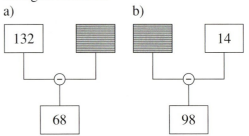

14 Löse die Gleichungen und führe die Probe durch.
a) $x - 126 = 507$ d) $306 - x = 121$
b) $x - 115 = 135$ e) $1571 - y = 787$
c) $x - 48 = 1888$ f) $10\,408 - z = 412$

15 Schreibe zu dem Pfeilbild eine möglichst kurze Gleichung und löse sie.

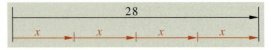

16 Zeichne zu den Gleichungen Pfeilbilder und Rechenpläne. Löse mit den Umkehraufgaben.
a) $3 \cdot x = 39$ c) $x \cdot 4 = 28$
b) $5 \cdot x = 45$ d) $x \cdot 6 = 30$

Ergebnisse: Summe 34

Wir lösen schwierige Gleichungen

Max plant für die Ferien eine Fahrradtour mit Zelt. Im Sportgeschäft findet er ein Angebot zu 139 €. Auf seinem Konto hat er 59 €. Max möchte 5 Monate lang regelmäßig den gleichen Betrag sparen, um das Zelt kaufen zu können.

Beim Lösen der Aufgabe hilft uns eine Modellzeichnung:
Wir legen fest:
x ist der monatliche Sparbetrag.

Pfeilbild:

Wir können jetzt die Gleichung aufstellen und sie mithilfe der Umkehraufgaben lösen:

$$5 \cdot x + 59 = 139$$
$$5 \cdot x = 139 - 59$$
$$5 \cdot x = 80$$
$$x = 80 : 5$$
$$x = 16$$

Max muss monatlich 16 € sparen.

Katrins Eltern eröffneten für sie ein Konto, auf das sie monatlich den gleichen Betrag überweisen. Nach 3 Monaten hebt Katrin 25 € ab. Ihr Kontoauszug zeigt nur noch ein Guthaben von 35 €.

x ist die monatliche Überweisung

oder

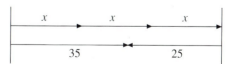

$$3 \cdot x - 25 = 35$$
$$3 \cdot x = 35 + 25$$
$$3 \cdot x = 60$$
$$x = 60 : 3$$
$$x = 20$$

Katrins Eltern überweisen monatlich 20 €.

Übungen

1 Löse die Gleichungen wie im Beispiel.
Beispiel: $5 \cdot x + 7 = 32$
Umkehrung: $5 \cdot x = 32 - 7$
$5 \cdot x = 25$
Umkehrung: $x = 25 : 5$
$x = 5$

a) $6 \cdot x + 7 = 61$
b) $5 \cdot x - 9 = 16$
c) $20 \cdot x - 38 = 162$
d) $x \cdot 7 + 19 = 54$
e) $11 + 9 \cdot x = 110$
f) $25 + 15 \cdot x = 340$

2 Löse.
a) $x + 7 = 27$
b) $2 \cdot x = 36$
c) $x \cdot 5 = 70$
d) $x - 15 = 4$
e) $22 - x = 5$
f) $57 + x = 70$
g) $15 \cdot x = 45$
h) $16 : x = 8$
i) $19 + x = 35$
j) $x : 5 = 3$
k) $2 \cdot x + 5 = 50 - 21$
l) $4 \cdot x + 17 = 3 \cdot 15$
m) $3 \cdot x - 15 = 3 \cdot 3$
n) $80 - 5 \cdot x = 30$
o) $12 \cdot x + 12 = 120$
p) $44 + 2 \cdot x = 66$
q) $22 + 7 \cdot x = 50$
r) $30 + 30 : x = 5 \cdot 7$
s) $50 : x + 25 = 70 : 2$
t) $70 : x - 10 = 5 \cdot 12$

Jede Zahl von 1 bis 20 tritt genau einmal als Lösung auf.

3 Löse die Gleichungen. Führe stets die Probe durch.
a) $6 \cdot x + 17 = 47$
b) $9 \cdot x - 13 = 50$
c) $7 \cdot x + 14 = 70$
d) $5 \cdot x + 13 = 58$
e) $12 \cdot x - 16 = 20$
f) $15 \cdot x - 25 = 50$
g) $8 \cdot x - 24 = 40$
h) $13 \cdot x + 18 = 96$

4 Setze nacheinander für x die Zahlen 0, 1, 2, 3, 4, 5, 6, 7, 8, 9, 10 ein. Für welches x ist die Gleichung wahr? (Nicht alle Einsetzungen sind lösbar.)
a) $4 \cdot x = 32$
b) $7 \cdot x = 35$
c) $x \cdot 8 = 56$
d) $x \cdot 12 = 72$
e) $3 \cdot x + 4 = 16$
f) $5 \cdot x - 2 = 33$
g) $5 + 7 \cdot x = 47$
h) $48 - 12 \cdot x = 0$

5 Martin wechselt einen 10-€-Schein. Er erhält ein 2-€-Stück und 16 gleiche Münzen.

6 Anja wechselt einen 50-€-Schein. Sie erhält einen 10-€-Schein und 8 gleiche Scheine.

7 Ein Intercity-Zug mit 14 Wagen hat einschließlich der Elektro-Lokomotive ein Gesamtgewicht von 672 Tonnen.

Wie viel wiegt jeder der 14 Wagen, wenn die Lokomotive 112 Tonnen wiegt?

8 Finde eine Gleichung und löse sie.

Gesamtbetrag 724 €	
Anzahlung 174 €	10 Raten zu je x €

9

Welche Zahl muss ich mit 25 multiplizieren, um 750 zu erhalten?

Durch welche Zahl muss ich 350 dividieren, um 7 zu erhalten?

10 Bert hatte zum Jahresanfang 125 € auf seinem Sparkonto. Er hat fünfmal denselben Betrag eingezahlt. Am Jahresende hatte er insgesamt 190 € auf dem Konto. Wie groß war die Sparrate? Das Pfeilbild hilft dir.

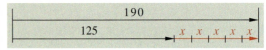

11 Wäre Herbert dreimal so alt, dann wäre er zwei Jahre jünger als sein Vater. Herberts Vater ist 38 Jahre alt.

12 Inges Großmutter ist 64 Jahre alt. Inge überlegt: Wäre ich fünfmal so alt wie ich bin, so wäre ich 6 Jahre älter als meine Großmutter.

13 Doris möchte 200 € ansparen. Von jedem der beiden Großväter erhält sie zum Geburtstag 40 € geschenkt. Wie viele Raten zu je 15 € muss sie im Laufe des Jahres mindestens einzahlen, damit sie den erwünschten Betrag erreicht?

Wiederholen und sichern

1 Rechne schriftlich.
a) $(7321 - 2631) \cdot 24$
b) $(318 + 62421) \cdot 19$
c) $38 \cdot (5414 - 4890)$
d) $63 \cdot (5444 + 4660)$

2 Rechne schriftlich.
a) $37 \cdot 124 - 28 \cdot 112$
b) $531 \cdot 13 + 420 \cdot 13$
c) $46 \cdot 17 + 43 \cdot 12 + 51 \cdot 9$
d) $360 \cdot 24 - 180 \cdot 48$

3 Rechne schriftlich.
a) $432 : 18 - 527 : 31$
b) $1414 : 14 + 690 : 6$
c) $465 : 93 + 576 : 12$
d) $529 : 23 - 361 : 19$

4 a) Kommt dasselbe heraus bei $(7 \cdot 15) : 5$ und bei $7 \cdot (15 : 5)$?
b) Kommt dasselbe heraus bei $(48 : 12) \cdot 2$ und bei $48 : (12 \cdot 2)$?
c) Kommt dasselbe heraus bei $(200 - 160) - 30$ und bei $200 - (160 - 30)$?

5 Uwe hat Rechenfehler gemacht. Finde sie heraus.
a) $17 \cdot 13 - 25 \cdot 4 = 784$
b) $31 \cdot (181 - 105) = 5506$
c) $6 \cdot 7 + 3 \cdot 8 - 3 \cdot 2 = 714$
Was muss bei richtigem Rechnen jeweils herauskommen? Was hat er falsch gemacht?

6 Vertausche geeignete Zahlen und fasse in Klammern zusammen, ehe du ausrechnest.
a) $139 + 45 + 181$ g) $831 + 68 + 49 + 32$
b) $325 + 117 + 125$ h) $186 + 77 + 14 + 123$
c) $286 + 75 + 114$ i) $208 + 41 + 202 + 59$
d) $409 + 138 + 291$ j) $388 + 53 + 112 + 47$
e) $5 \cdot 89 \cdot 2$ k) $25 \cdot 17 \cdot 4$
f) $50 \cdot 17 \cdot 2$ l) $4 \cdot 18 \cdot 250$

7 Der Beitrag für die Krankenkasse von Herrn Huber ist um 25 € gestiegen und beträgt jetzt 248 €. Stelle eine Gleichung auf und berechne den ursprünglichen Beitrag.

8 Franz verkauft bei einem Schulfest 36 Wurstsemmeln und hat 54 € in seiner Kasse. Berechne den Preis einer Wurstsemmel mithilfe einer Gleichung.

9 Frau Strunz kauft 5 CDs, die alle gleich teuer sind. Nach Abzug einer Gutschrift von 14 € bezahlt sie noch 41 €. Stelle eine Gleichung auf und berechne den Preis für eine CD.

10 Händler Huber bestellt 15 Kisten Äpfel und muss für das Anliefern 12 € extra bezahlen. Seine Rechnung beläuft sich auf 312 €. Berechne den Preis für eine Kiste Äpfel. Stelle dazu eine Gleichung auf.

11

Wenn du mein Alter verdreifachst und noch 17 addierst, erhältst du die Zahl 50.

12 Bei einem Fußballspiel der Bundesliga wurden 2000 Karten für die Tribüne, 14 000 Sitzplatzkarten und 38 000 Stehplatzkarten verkauft.

Tribüne 20,- €
Sitzplatz 15,- €
Stehplatz 8,- €

a) Bestimme die Zahl der Zuschauer.
b) Berechne die Gesamteinnahme. (Gesamtterm)

13 Bestimme die Variablen.
a) $9 \cdot x = 72$ e) $a - 13 = 39$
b) $6 \cdot y = 36$ f) $b + 24 = 72$
c) $96 : z = 8$ g) $60 + x = 196$
d) $125 - n = 67$ h) $c - 98 = 180$

BAYERN in Zahlen

UNTERFRANKEN
1 334 000 Einwohner
Würzburg: 127 000 Einwohner
Unternehmen: 47 288

OBERFRANKEN
1 114 000 Einwohner
Bayreuth: 74 000 Einwohner
Unternehmen: 36 127

MITTELFRANKEN
1 683 000 Einwohner
Ansbach: 40 000 Einwohner
Unternehmen: 62 131

OBERPFALZ
1 074 000 Einwohner
Regensburg: 125 000 Einwohner
Unternehmen: 33 945

NIEDERBAYERN
1 170 000 Einwohner
Landshut: 59 000 Einwohner
Unternehmen: 42 114

SCHWABEN
1 746 000 Einwohner
Augsburg: 225 000 Einwohner
Unternehmen: 67 665

OBERBAYERN
4 034 000 Einwohner
München: 1 210 000 Einwohner
Unternehmen: 204 996

▶ So bekommst du aktuelle Informationen:

www.statistik.bayern.de
www.umweltministerium.bayern.de
www.forst.bayern.de
www.geodaten.bayern.de
www.stmwvt.bayern.de
www.stmukwk.bayern.de
www.museen-in-bayern.de

www.oberfranken.bayern.de
www.oberpfalz.bayern.de
www.niederbayern.bayern.de
www.oberbayern.bayern.de
www.schwaben.bayern.de
www.mittelfranken.bayern.de
www.unterfranken.bayern.de

▶ Suche im Internet Zahlenmaterial von Bayern, deinem Regierungsbezirk, deiner Stadt, deinem Landkreis.
▶ Errechne mithilfe einer Tabellenkalkulation Gesamtzahlen.
▶ Gestalte mit deinen Ergebnissen Plakate und Schaubilder.

▶ Vergleiche die Regierungsbezirke.

Mathe-Meisterschaft

1 Setze Klammern so, dass du möglichst vorteilhaft rechnen kannst. Notiere deinen Rechenweg.
   a) $296 + 27 + 23$
   b) $832 + 18 + 83$
   c) $9 \cdot 4 \cdot 25$
   d) $63 \cdot 2 \cdot 5$
   (4 Punkte)

2 Beachte die Rechenregeln.
   a) $29 \cdot 4 + 5$
   b) $18 \cdot 4 + 3 \cdot (15 - 12)$
   c) $349 + 29 \cdot 5$
   d) $(7 + 17) : 3$
   (4 Punkte)

3 Lara besorgt für den Wandertag Bananen zu 0,87 €, ein belegtes Brötchen zu 1,75 € und zwei Müsliriegel zu je 0,45 €. Sie hat einen 5-€-Schein.
   a) Stelle einen Gesamtterm auf.
   b) Berechne.
   (6 Punkte)

4 a) $8503 \cdot 72$
   b) $7585 : 37$
   c) $56\,208 : 37$
   (3 Punkte)

5 Löse die Gleichungen.
   a) $y + 13 = 97$
   b) $7 \cdot x = 3500$
   c) $567 - b = 203$
   d) $x - 240 = 500$
   e) $3 \cdot a + 18 = 45$
   f) $625 : x = 25$
   (3 Punkte)

6 Finde eine passende Gleichung zum Streifenmodell und berechne den Restbetrag.

Endpreis 850 €	
Anzahlung 250 €	Restbetrag fällig bei Lieferung

(4 Punkte)

Geometrie I

Die Klasse 5a hat sich im Fach Kunsterziehung mit dem Maler Wassily Kandinsky beschäftigt. Die Schüler haben in seinem Stil Bilder mit Linien und Flächen gestaltet. Welche Flächenformen kannst du in Karins Bild entdecken? Kennst du noch weitere Flächenformen?

Der Bereich Geometrie beschäftigt sich mit Linien und Flächenformen. Was es dabei für dich alles zu tun gibt, kannst du den Bildern entnehmen.

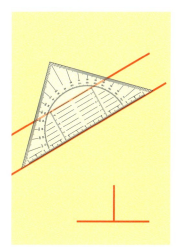
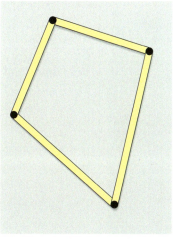
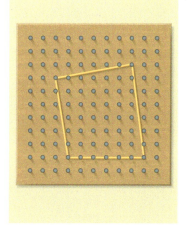

Mit dem Geodreieck zeichnen und messen.

Pappstreifen herstellen und daraus Vierecke bauen.

Ein Geobrett bauen und damit Figuren spannen.

Geometrische Figuren und Beziehungen

Wir zeichnen und messen mit dem Geodreieck

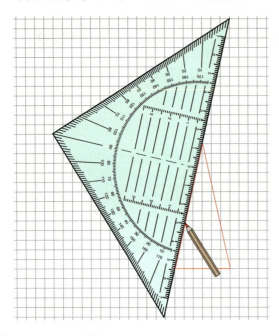

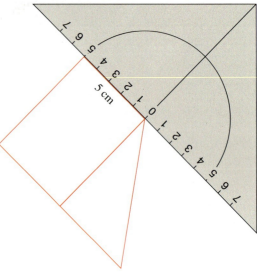

Anders als beim Lineal ist der Nullpunkt nicht am Anfang der Skala sondern in der Mitte.

Übungen

1 Spieler A kann 4 Spieler anspielen. Übertrage und zeichne die Linien mit dem Geodreieck ein. Beginne mit dem Punkt A. Bestimme die anderen Punkte durch Zählen von Kästchen.

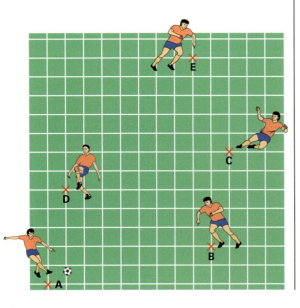

2 Übertrage ins Heft. Nutze das Geodreieck.

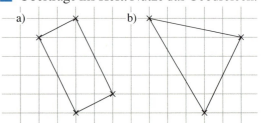

3 Übertrage ins Heft. Beschreibe die Lage der Punkte und den Verlauf der Linien.

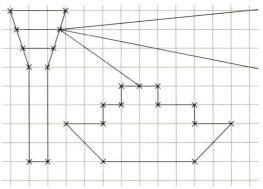

Geometrische Figuren und Beziehungen

Wir zeichnen Geraden und Strecken

In dem Foto der Brücke sehen wir verschiedene Arten von Linien: gerade Linien, gekrümmte Linien und geknickte Linien.
Gerade Linien können wir mit dem Lineal oder mit dem Geodreieck zeichnen.
Wir unterscheiden bei geraden Linien zwischen Geraden und Strecken.

> Eine **Gerade** ist eine gerade Linie, die nicht durch Endpunkte begrenzt ist.
>
> Eine **Strecke** ist eine gerade Linie, die an beiden Enden durch Punkte begrenzt ist.
>
>
>
> **Punkte** werden in der Geometrie mit Großbuchstaben bezeichnet, z. B. $A, B, C, \ldots$
> **Gerade Linien** werden mit kleinen Buchstaben bezeichnet, z. B. $a, b, c, \ldots$ Bei **Strecken** schreiben wir beispielsweise auch $\overline{AB} = a = 5\ \text{cm}$. Das bedeutet dann, dass a für die Streckenlänge steht, die hier 5 cm beträgt, und dass A und B die Endpunkte der Strecke sind.

Übungen

1 Sieh dir die nebenstehende Zeichnung genau an.
a) Welche Linien sind gerade Linien?
b) Welche Linien sind Strecken, welche Geraden?
c) Miss die Längen der Strecken und zeichne sie in dein Heft.
d) Vergleiche die Streckenlängen und ordne sie der Größe nach.

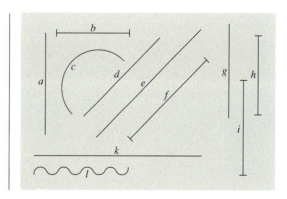

2 a) Kann man die Länge einer Geraden messen? Begründe deine Antwort.
b) Kann man die Länge einer Strecke messen? Begründe.

3 Betrachte die Bilder. Welche Linien sind Geraden, welche sind Strecken?

4 Zeichne in dein Heft fünf verschiedene Geraden und kennzeichne sie mit den Buchstaben a, b, c, d, e.

5 Zeichne in dein Heft fünf Strecken und kennzeichne sie mit den Buchstaben m, n, o, p, q. Benenne die Endpunkte mit Großbuchstaben.

6 Wie viele Geraden und wie viele Strecken sind in der Zeichnung dargestellt?

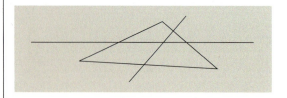

7 Sind die Seiten des Vierecks gerade Linien? Prüfe mit dem Geodreieck nach.

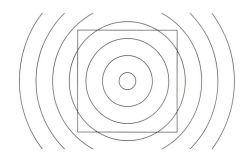

8 Zeichne fünf Punkte in dein Heft. Verbinde die Punkte untereinander so, dass vier Strecken entstehen. Miss die Länge der Strecken.

9 a) Betrachte das untere Bild. Welcher Weg bringt Markus am schnellsten nach Hause? Schätze zuerst, dann miss die Länge der verschiedenen Wege.
b) Zeichne im Heft ein ähnliches Bild mit vier verschiedenen Wegen. Wie lang ist jeder Weg?
c) Zeichne in dein Bild auch den kürzesten Weg ein. Wie verläuft er?

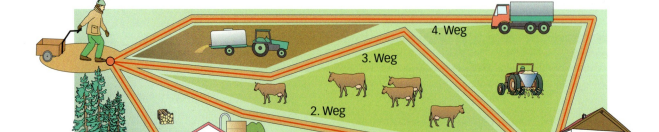

Wir unterscheiden senkrechte und parallele Linien

Wir falten ein Blatt Papier. Dabei entsteht eine Faltlinie. Dann falten wir das Blatt ein zweites Mal so, dass beide Teile der Faltlinie aufeinander fallen.

Man sagt: Die Faltlinien stehen **senkrecht** zueinander.

Jetzt falten wir das Blatt Papier noch einmal so, dass eine zweite senkrechte Faltlinie entsteht.

Die 2. und 3. Faltlinie haben überall denselben Abstand voneinander.
Man sagt: Sie sind zueinander **parallel**.

Im Zusammenhang mit senkrechten und parallelen Linien ist dein Geodreieck sehr hilfreich. Zunächst erfährst du, wie du mit diesem Hilfsmittel Strecken messen und zeichnen kannst.

Verwende zum Messen und Zeichnen von Strecken die Zentimetereinteilung an der längsten Seite.

Wie du schon weißt, liegt hier der **Nullpunkt in der Mitte**. Wir können von diesem Punkt 0 aus nach beiden Seiten messen und zeichnen.

Zeichne mit dem Geodreieck die Strecke $\overline{AB}$, die 11 cm lang ist.

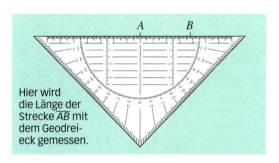

Hier wird die Länge der Strecke $\overline{AB}$ mit dem Geodreieck gemessen.

Wir beginnen, wie in der nebenstehenden Zeichnung dargestellt, bei der Markierung 5 auf der linken Hälfte der Zentimetereinteilung und zeichnen über 0 hinaus weiter bis zur Markierung 6 auf der rechten Hälfte, denn:

5 cm + 6 cm = 11 cm

Wie hätten wir diese Strecke noch zeichnen können?

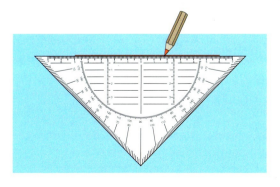

Wir zeichnen senkrechte und parallele Geraden mit dem Geodreieck

Linien, die zueinander senkrecht oder parallel sind, begegnen uns oft.

Auf dem Geodreieck gibt es **senkrechte und parallele Linien**. Durch Anlegen des Geodreiecks können wir überprüfen, ob zwei Geraden genau senkrecht aufeinander stehen oder ob zwei Geraden genau parallel verlaufen.

Beispiel

a) a und b sind zueinander senkrechte Geraden.

Wir schreiben: $a \perp b$

b) c und d sind zueinander parallele Geraden.

Wir schreiben: $c \parallel d$

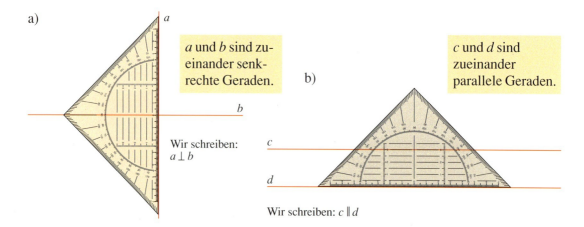

Übungen

1 Zeichne eine Gerade h, die zur Geraden g senkrecht verläuft.

2 a) Zeichne eine Gerade a, die zu einer gegebenen Gerade g parallel ist.
b) Zeichne eine zweite Parallele zu g.

3 Welche Geraden sind zueinander parallel? Welche Geraden stehen senkrecht aufeinander? Prüfe mit dem Geodreieck nach.

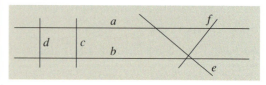

Geometrische Figuren und Beziehungen

4 Zeichne mit dem Geodreieck.
a) Zeichne zwei Geraden, die sich schneiden. Nenne den Schnittpunkt A.
b) Zeichne durch A eine dritte Gerade.

5 Zeichne eine Strecke und bezeichne die Endpunkte mit A und B. Zeichne einen Punkt C, der nicht auf $\overline{AB}$ liegt und verbinde ihn mit A und B.

6 Benutze das Geodreieck.
a) Zeichne zwei Geraden, die sich im Punkt A schneiden.
b) Zeichne eine dritte Gerade so, dass sich zwei weitere Schnittpunkte ergeben. Nenne sie B und C.

7 Überlege. Probiere mit dem Geodreieck.
a) Wie viele Geraden kannst du durch einen Punkt zeichnen?
b) Wie viele Geraden kannst du durch zwei Punkte A und B zeichnen?

8 Übertrage den halben Tannenbaum in dein Heft und ergänze die fehlende Hälfte.

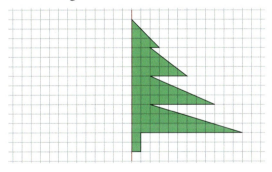

9 Übe mit dem Geodreieck. Miss in den Figuren die Längen der Seiten. Welche sind gleich lang?

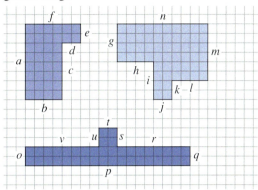

10 Optische Täuschungen: Überprüfe mit dem Geodreieck, ob g und h Geraden sind und ob sie parallel verlaufen.

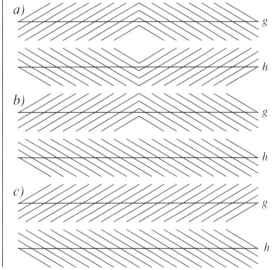

Bist du fit?

1. Welcher Term passt zur Aufgabe? Berechne damit das Rückgeld.
Felix bezahlt mit einem 10-Euro-Schein eine Breze zu 90 Cent und 4 Semmeln zu je 80 Cent.
a) $1000 - (90 + 4 \cdot 80)$
b) $1000 - 90 - 4 \cdot 80$
c) $1000 + 90 - 4 \cdot 80$
d) $(1000 - 4 \cdot 80) + 90$
e) $4 \cdot 80 + 90 - 1000$
f) $8 \cdot 40 + 90 + 1000$

2. Berechne.
a) $x + 19 = 66$
b) $221 - x = 149$
c) $7 \cdot x = 196$
d) $3000 : x = 500$

Wir zeichnen und messen Abstände

Beispiel

Wir suchen die kürzeste Entfernung von Punkt P zur Geraden g.

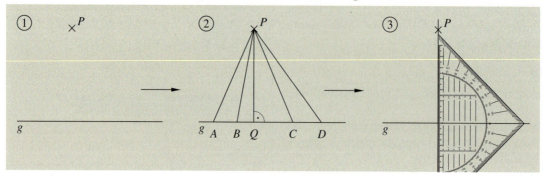

Die kürzeste Entfernung vom Punkt P zur Geraden g ist die Strecke $\overline{PQ}$. Sie ist senkrecht zur Geraden g.

Die Länge der Strecke $\overline{PQ}$ heißt **Abstand** des Punktes P von g.

Übungen

1 Miss mit dem Geodreieck den Abstand der Punkte P_1; P_2; P_3; P_4 von der Geraden g.

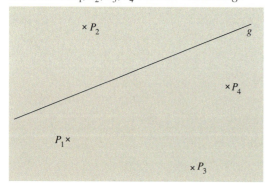

2 Zeichne zwei zueinander senkrecht stehende Geraden g_1 und g_2.
a) Zeichne auf g_1 einen Punkt A, der 4 cm Abstand von g_2 hat.
b) Markiere auf g_2 den Punkt B, der von g_1 6,5 cm entfernt ist.

3 Zeichne 2 parallele Geraden im Abstand von 4 cm. Markiere einen Punkt P_1, der genau in der Mitte zwischen beiden Geraden liegt.

4 Miss die jeweiligen Abstände der Punkte von den beiden Geraden und notiere.

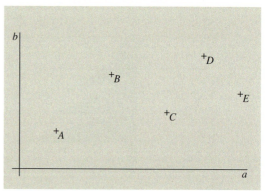

Punkt	Abstand zu a	Abstand zu b
A	1 cm	1 cm
B		25 mm

5 Hier kannst du die Abstände messen (z. B. $\overline{AB}$ = 15 mm).

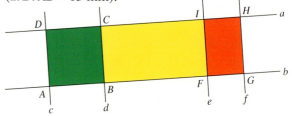

Geometrische Figuren und Beziehungen

Wir arbeiten mit dem „Viereck-Baukasten"

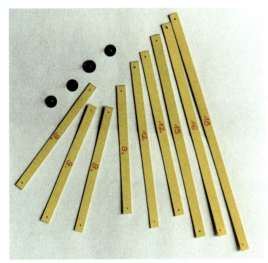
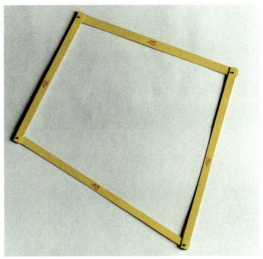

Schneide 7 mm breite Streifen aus Plakatkarton. Für deinen Baukasten brauchst du insgesamt 9 Streifen mit folgenden Längen: 18 cm, 16 cm, 15 cm, 2 Stück zu je 12 cm und 4 Stück zu je 9 cm.

Jeweils vier Streifen kannst du mit Reißnägeln zu Vierecken zusammenfügen. Arbeite dabei äußerst vorsichtig, damit du dich nicht verletzt!

Übungen

1 Baue dieses Viereck nach.
a) Verändere das Viereck so, dass zwei Seiten parallel verlaufen.
b) Lässt sich an jeder Ecke ein rechter Winkel einstellen? Überprüfe mit dem Geodreieck.

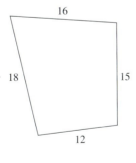

2 Baue dieses Viereck nach.
a) Welche Seiten können parallel verlaufen?
b) An wie vielen Ecken kannst du einen rechten Winkel einstellen?

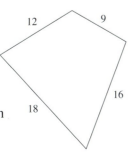

3 Baue dieses Viereck nach.
a) An wie vielen Ecken können rechte Winkel entstehen?
b) Was stellst du fest, wenn die 9 cm lange Seite und die 12 cm lange Seite senkrecht zueinander stehen?
c) Was geschieht, wenn die 18 cm lange Seite und die 9 cm lange Seite parallel verlaufen?

4 Baue dieses Viereck nach.

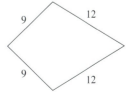

a) Lässt sich an jeder Ecke ein rechter Winkel einstellen?
b) In welchem Fall ergeben sich zwei rechte Winkel?
c) Kannst du parallele Seiten einstellen?

Wir erkennen besondere Vierecke: Rechteck und Quadrat

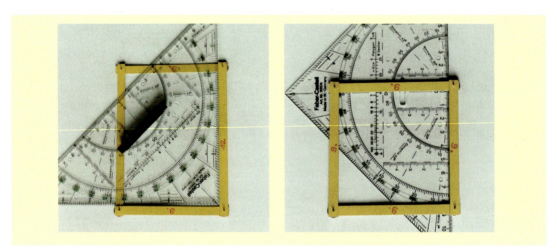

Ein besonderes Viereck ist das Rechteck:
In jeder Ecke stehen die Seiten senkrecht aufeinander. Die gegenüber liegenden Seiten sind gleich lang und zueinander parallel.

Ein besonderes Rechteck ist das Quadrat:
Es hat vier gleich lange Seiten und in jeder Ecke stehen die Seiten senkrecht aufeinander.

Beispiel

a) Wir zeichnen ein Quadrat mit dem Geodreieck. Jede Seite soll 5 cm lang sein.

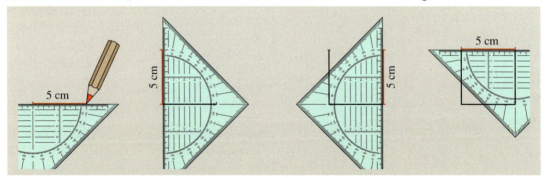

b) Wir zeichnen ein Rechteck mit der Länge 6 cm und der Breite 4 cm.

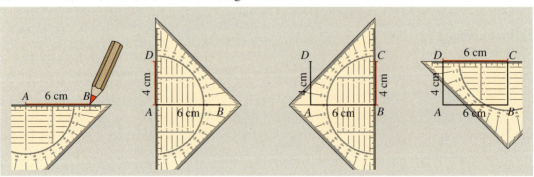

Geometrische Figuren und Beziehungen

Wir spannen Strecken und Vierecke auf dem Geobrett

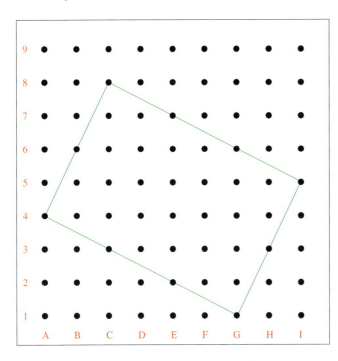

So baust du dein Geobrett: Besorge dir eine quadratische Platte aus Leimholz. Maße: 20 cm Seitenlänge, 18 mm stark. Schlage 25 mm lange Messingnägel in 9 Reihen zu je 9 Stück ein. Der Abstand beträgt immer 2 cm. Achte darauf, dass du die Nägel nicht durch die Platte schlägst, und dass du alle Nägel gleich tief einschlägst. Bezeichne die Nägel wie im Bild mit den Buchstaben A bis J und mit den Zahlen 1 bis 9. Besorge dir verschieden farbige Gummiringe, die du um die Nägel spannen kannst.
Im Bild siehst du ein Viereck mit den Ecken A4, C8, I5 und G1. Ist es ein besonderes Viereck?

Übungen

1 Spanne das Viereck: B3, C5, F7, G3.
a) Hat es parallele Seiten?
b) Hat es rechte Winkel?

2 Spanne ein Viereck mit einem rechten Winkel, der an der Ecke C8 liegt.

3 Spanne ein Viereck mit zwei rechten Winkeln an den Ecken C7 und H7.

4 Kannst du auch ein Viereck spannen, dessen zwei rechte Winkel an den Ecken G8 und I4 liegen?

5 Spanne die Strecke $\overline{A1C7}$. Welche dazu senkrechten Strecken beginnen bei B4?

6 Spanne die Strecke $\overline{F9I3}$. Welche dazu parallele Strecke läuft durch D5?

7 Spanne das Viereck E8-H6-E1-B6 und seine beiden Diagonalen. Suche gleich lange Strecken und rechte Winkel. Was stellst du fest?

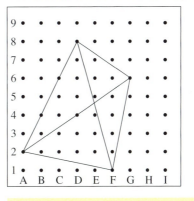

Die Strecken $\overline{A2G6}$ und $\overline{D8F1}$ verbinden gegenüberliegende Ecken des Vierecks A2-D8-G6-F1.

8 Spanne das größtmögliche Quadrat und seine beiden Diagonalen. Untersuche nach gleich langen Strecken und rechten Winkeln.

> Verbindungsstrecken gegenüberliegender Ecken heißen **Diagonalen**.

Wir untersuchen Flächen: Rechteck und Quadrat

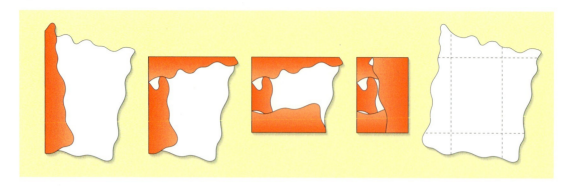

Auf Seite 77 hast du gelernt, wie man mit einem Blatt Papier senkrechte und parallele Linien faltet. Hier siehst du, wie du ein Rechteck falten kannst. Beschreibe die fünf Arbeitsschritte anhand der Abbildung.

Übungen

1 Falte aus Papier verschiedene Rechtecke. Zeige mit dem Geodreieck, welche Faltlinien senkrecht aufeinander stehen und welche zueinander parallel sind. Zeichne die Diagonalen ein.

2 Versuche, aus einem Blatt Papier ein Quadrat zu falten. Jede Seite soll 4 cm lang sein. Prüfe mit dem Geodreieck und zeichne die beiden Diagonalen ein.

3 Falte ein Rechteck und schneide es aus. Falte wie in der Zeichnung ein Quadrat und schneide es aus. Falte das Quadrat an der anderen Diagonale.

4 Zeichne ein Quadrat mit 6 cm Seitenlänge.
a) Zeichne seine beiden Diagonalen ein und vergleiche ihre Längen.
b) Wie viele rechte Winkel hat deine Zeichnung insgesamt?

5 Zeichne Rechtecke.

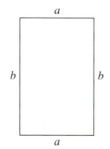

Seite a	Seite b
7 cm	2,5 cm
6 cm	4 cm
35 mm	8 cm
48 mm	48 mm

a) Zeichne jeweils die Diagonalen ein und miss ihre Längen.
b) Miss die Teilstücke der Diagonalen von der Ecke bis zum Schnittpunkt.

6 Zeichne ein Quadrat mit der Seitenlänge 8 cm.
a) Halbiere die Seiten und verbinde die Punkte auf den Seitenmitten zu einem neuen Quadrat.
b) Zeichne die Diagonalen des kleineren Quadrates ein. Wie verlaufen sie?
c) Vergleiche die Größe der beiden Quadrate.

Geometrische Figuren und Beziehungen _____ 85

7 Wenn du verschieden breite Streifen aus Transparentpapier übereinander legst, entstehen Vierecke.

a) Worauf musst du achten, wenn ein Rechteck entstehen soll?
b) Wie kannst du ein Quadrat entstehen lassen?

8 Schneide aus kariertem Papier Rechtecke aus.
a) Falte genau in der Mitte.
b) Versuche Rechtecke oder Quadrate als „Faltschnitte" herzustellen.

Rechteck (Beispiel)

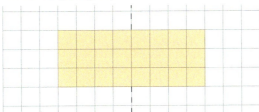

Quadrat (Beispiel)

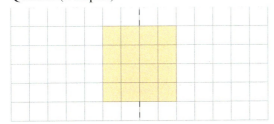

2 Rechtecke (Beispiel)

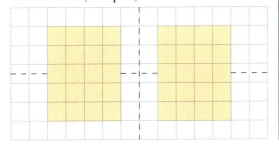

9 Zeichne die Figuren mit doppelt langen Seiten auf Karopapier und schneide sie aus. Füge passende Teile so zusammen, dass ein Quadrat oder ein Rechteck entsteht. Klebe die Quadrate und Rechtecke in dein Heft.

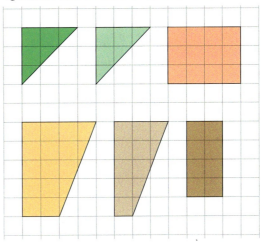

10 Zeichne die beiden Figuren mehrmals auf kariertes Papier.

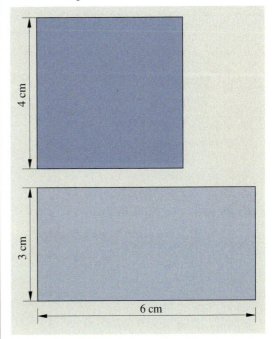

a) Schneide die Figuren aus.
b) Zerlege sie in Quadrate oder Rechtecke.
c) Füge sie zu neuen Quadraten und Rechtecken zusammen.
d) Was kannst du über Rechteck und Quadrat aussagen? Formuliere deine Erkenntnisse.

Wir untersuchen Körper

Wir vergleichen Kantenmodelle und Schrägbilder

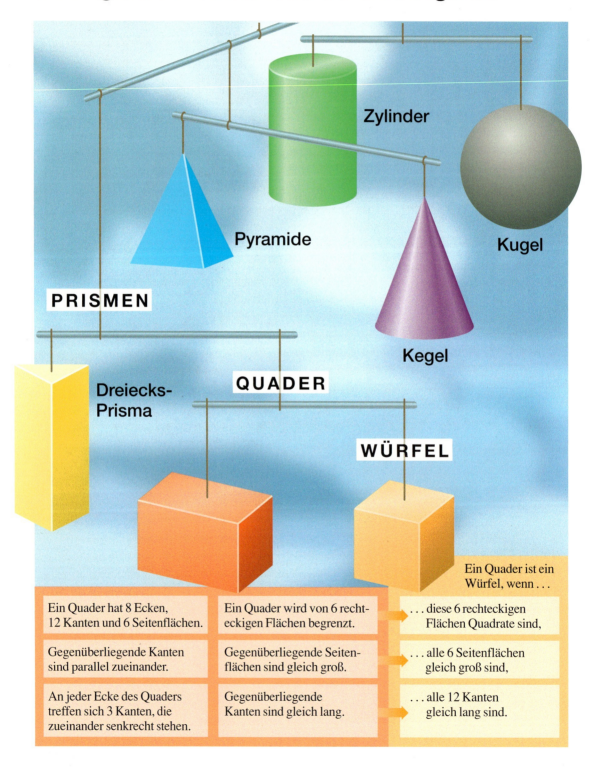

Ein Quader hat 8 Ecken, 12 Kanten und 6 Seitenflächen.	Ein Quader wird von 6 rechteckigen Flächen begrenzt.	Ein Quader ist ein Würfel, wenn ...
		... diese 6 rechteckigen Flächen Quadrate sind,
Gegenüberliegende Kanten sind parallel zueinander.	Gegenüberliegende Seitenflächen sind gleich groß.	... alle 6 Seitenflächen gleich groß sind,
An jeder Ecke des Quaders treffen sich 3 Kanten, die zueinander senkrecht stehen.	Gegenüberliegende Kanten sind gleich lang.	... alle 12 Kanten gleich lang sind.

Geometrische Figuren und Beziehungen

Übungen

1 Stelle das Kantenmodell eines Würfels her. Verwende Holzstäbe für die Kanten und Steckmoos für die Ecken.

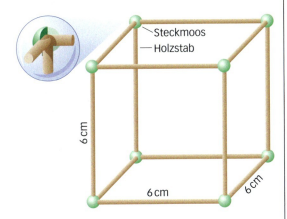

2 Vergleiche dein Kantenmodell mit dem Schrägbild des Würfels.

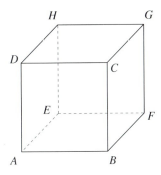

a) Welche 8 Kanten sind gleich lang geblieben?
b) Welche 2 Seitenflächen sind auch im Schrägbild quadratisch?
c) Welche Kanten stehen im Schrägbild nicht mehr senkrecht zueinander?

3 Aus wie vielen kleinen Würfeln ist der große zusammengesetzt?

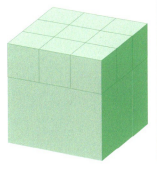

4 Stelle das Kantenmodell eines Quaders her. Verwende Holzstäbe (Länge 10 cm, Breite 6 cm, Höhe 4 cm) und Steckmoos (für die Ecken).

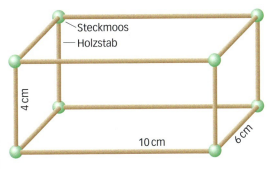

5 Vergleiche dein Kantenmodell mit dem Schrägbild des Quaders.

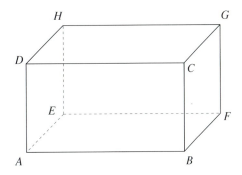

a) Sind gegenüberliegende Kanten auch im Schrägbild parallel zueinander?
b) Welche Kanten stehen in den Punkten A, B und C senkrecht zueinander?
c) Welche Seitenflächen sind im Schrägbild keine Rechtecke mehr?

6 Aus wie vielen Quadern besteht diese Figur? Wie viele der Quader sind Würfel?

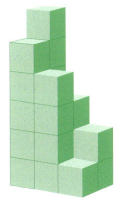

Wir zeichnen Netze von Würfeln und Quadern

Stefan stellt einen Würfel aus dünner Pappe her. Er hat zunächst ein **Netz** des Würfels gezeichnet.

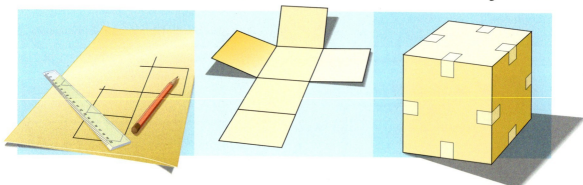

Übungen

1 Das Netz eines Würfels kannst du auch darstellen, indem du den Körper abrollst. Beachte dabei, dass der Würfel nicht zweimal auf dieselbe Fläche zu liegen kommt.

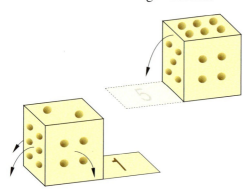

a) Rolle einen Spielwürfel vollständig ab. Beginne wie in der Abbildung und finde vier unterschiedliche Formen seines Netzes.
b) Beginne mit einer anderen Grundfläche. Es sollen vier verschieden geformte Netze entstehen.

 2 Zeichne das Netz. Schneide es aus und knicke die Kanten.
Klebe die Netze mit der Grundfläche in dein Heft. Wie viele Möglichkeiten gibt es?
a) Würfel mit 3 cm Kantenlänge.
b) Quader mit den Kantenlängen 5 cm, 4 cm und 3 cm.

3 Fertige aus Zeichenkarton einen Würfel mit 6 cm Kantenlänge, indem du ein Netz zeichnest, es ausschneidest und mit Klebeband zusammenklebst.

4 Stelle aus Zeichenkarton einen Quader mit den Kantenlängen 9 cm, 6 cm, 4 cm her.

5 a) Zeichne das Netz eines Würfels mit der Kantenlänge 3 cm.
b) Zeichne zwei andere Netze dieses Würfels.

6 Die Grundfläche jedes Würfels ist rot. Welche Farbe hat die gegenüberliegende Deckfläche?

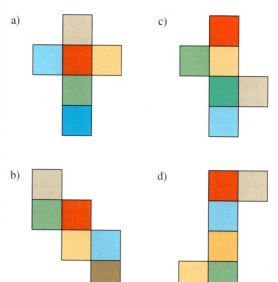

Geometrische Figuren und Beziehungen

7 Welche dieser Netze lassen sich zu einem Würfel zusammenkleben? Probiere es aus, indem du die Netze auf Zeichenkarton zeichnest und ausschneidest.

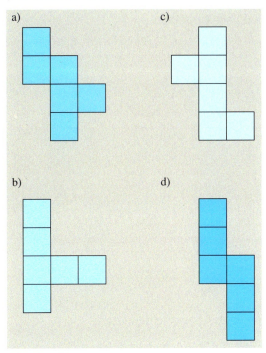

8 Welche der vorgegebenen Netze lassen sich zu einem Quader zusammenkleben? Überlege. Wenn du unsicher bist, probiere es.

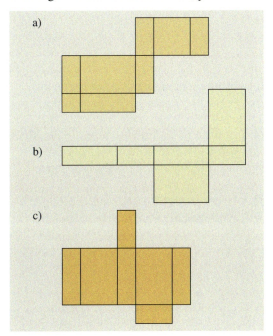

9 Zeichne auf ein Blatt Papier drei Netze, die man zu einem Würfel zusammenfalten kann, und drei Netze, bei denen kein Würfel entsteht.

10 Zeichne drei Netze, die man zu einem Quader zusammenfalten kann. Zeichne auch drei Netze, bei denen kein Quader entsteht.

11 Quader oder Würfel?

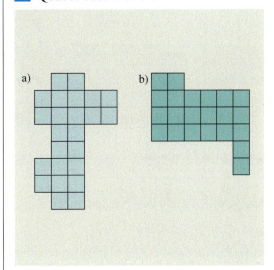

12 Überlege, ob du aus den abgebildeten Flächen a), b), c) ein Würfelnetz ausschneiden kannst. Überlege. Hilf dir durch Probieren.

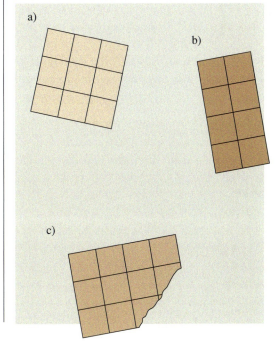

Wir lernen Beziehungen im Gitternetz kennen

Beim Zeichnen hast du schon oft Karopapier verwendet, das mit seinen senkrechten und parallelen Linien ein Gitternetz bildet. Das Gitternetz (Quadratgitter) dient in der Geometrie auch dazu, bestimmte Punkte nur mit zwei Zahlen eindeutig zu bestimmen.

Beispiel

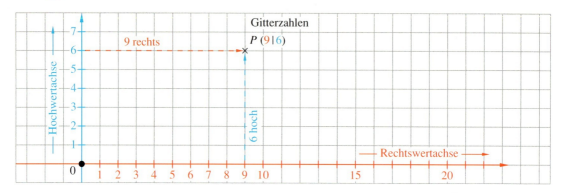

Der Punkt P wird so beschrieben: P (9|6)

Die erste Zahl (**Rechtswert**) zeigt an, wie weit man auf der **Rechtswertachse** zählen muss: **9**

Die zweite Zahl (**Hochwert**) zeigt an, wie weit man auf der **Hochwertachse** zählen muss: **6**

Rechtswert zuerst, dann Hochwert!

P (9|6) heißt:

9 (Rechtswert) | 6 (Hochwert)

So zeichnen und schreiben wir:

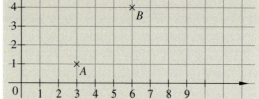

A (3|1); B (6|4)

Der Nullpunkt, an dem sich die Rechtswertachse und die Hochwertachse schneiden, wird auch Ursprung (der beiden Achsen) genannt.

Übungen

1 Übertrage das Gitternetz und die Punkte ins Heft und notiere die Gitterzahlen der Punkte.

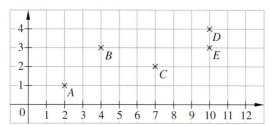

2 Zeichne ein Gitternetz, trage die Punkte A (2|1), B (6|1), C (6|4) und D (2|4) ein. Verbinde die Punkte. Welche Figur entsteht?

3 Übertrage das Gitternetz und die Punkte ins Heft. Verbinde die Punkte. Miss von A bis D.

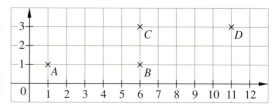

Wir vergrößern und verkleinern maßstabsgetreu

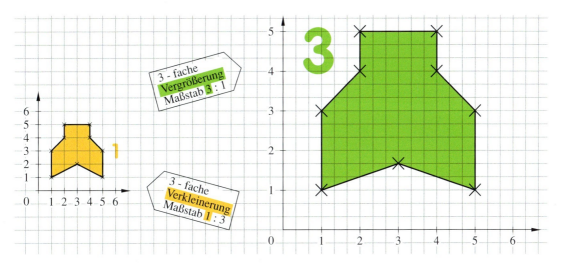

Der Maßstab nennt das Verhältnis, in welchem vergrößert oder verkleinert wird. Verhältnisse $1:x$ sagen, dass verkleinert wird. Verhältnisse $x:1$ sagen, dass vergrößert wird.

Übungen

1 Übertrage das Gitternetz und die Punkte ins Heft. Maßstab $3:1$
a) Verbinde die Punkte.
b) Errichte in P die Senkrechte zu $\overline{AB}$.

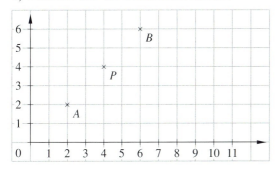

2 Schreibe die Gitterpunkte der dargestellten Figur auf und vergrößere $2:1$ in dein Heft.

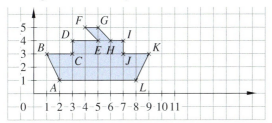

3 Schreibe die Gitterpunkte dieses Rechtecks auf und übertrage es in dein Heft.

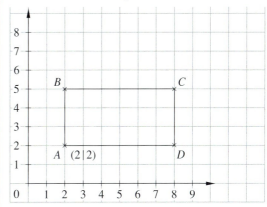

a) Zeichne das Rechteck $1:3$ verkleinert in dasselbe Gitternetz. Beginne bei $A\,(2\,|\,2)$.
b) Vergrößere nun das kleine Rechteck $4:1$ und beginne wieder bei $A\,(2\,|\,2)$. Gib jeweils die Gitterpunkte B, C und D an.

4 Zeichne die Punkte $A\,(2\,|\,1)$, $B\,(10\,|\,1)$ und $C\,(6\,|\,5)$.
a) Errichte durch C eine Senkrechte auf $\overline{AB}$.
b) Ziehe durch C die Parallele zu $\overline{AB}$.
c) Wie lauten die Gitterzahlen des Schnittpunktes der Senkrechten mit der Strecke $\overline{AB}$?

Wir entdecken Symmetrie

Bei der Schlossfassade, beim Schmetterling, bei der Orgel … können wir sehen, dass die linke Hälfte und die rechte Hälfte sich wie Spiegelbilder zueinander verhalten.

Geometrische Figuren und Beziehungen

Wir stellen achsensymmetrische Figuren her

Schneide diese Figur aus einem Blatt Papier aus.

Die Aufgabe ist einfacher, wenn du das Blatt zuerst faltest.

Mit einem kleinen rechteckigen Taschenspiegel, den du senkrecht auf die Faltlinie stellst, kannst du erkennen, dass die ausgeschnittene Figur symmetrisch zur Faltlinie ist.

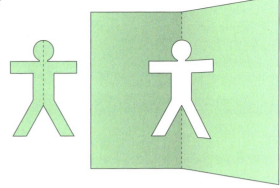

> Eine ebene Figur, die man so falten kann, dass die eine Hälfte der Figur genau auf die andere passt, heißt **achsensymmetrisch**. Die Faltlinie heißt **Symmetrieachse** oder auch **Spiegelachse**. Die beiden Hälften der Figur sind **deckungsgleich**.

Wir können symmetrische Figuren zeichnen, indem wir Rechenkästchen abzählen. Punkte A, B, ... der Ausgangsfigur (Urbild) haben zur Symmetrieachse den gleichen Abstand wie die gegenüberliegenden Punkte A', B', ... (Bild).

Beispiel 1   Achsenspiegelung durch Abzählen.

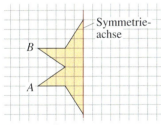
Ausgangsfigur

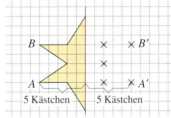
Durch Abzählen übertragen wir die Eckpunkte.

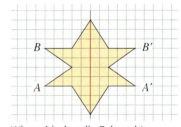
Wir verbinden die Eckpunkte zur vollständigen Figur.

Beispiel 2   Achsenspiegelung durch Geodreieck.

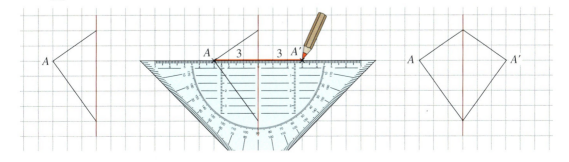

Übungen

1 a) Falte ein Blatt Papier. Zeichne ab und schneide die Zeichnung aus.
b) Schneide symmetrische Blumen, Blätter, Bäume aus.

 2 a) Falte ein Blatt Papier zweimal und versuche das folgende Muster auszuschneiden.
b) Schneide auf die gleiche Weise drei weitere Muster aus.

3 Übertrage folgende Figuren ins Heft. Trage zuerst die Symmetrieachsen ein und gib dann jeweils deren Anzahl an.

a) 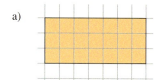 b)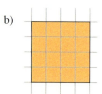

4 Ergänze die Figuren in deinem Heft zu achsensymmetrischen Figuren.

a) 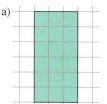 c)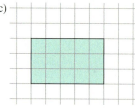

b) 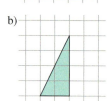 d)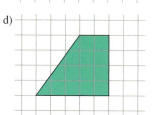

5 Übertrage ins Heft und zeichne mit dem Geodreieck das Spiegelbild.

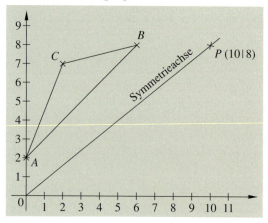

6 Zeichne im Heft mit dem Geodreieck das Spiegelbild.

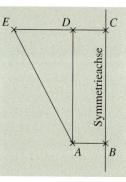

Ergänze die Aussagen:
a) Punkte auf der Symmetrieachse sind C, …
b) Senkrechte zur Symmetrieachse sind $\overline{AB}$, …
c) Parallel zur Symmetrieachse ist …

7 Zähle die Rechenkästchen ab. Zeige, dass der Buchstabe H achsensymmetrisch ist.

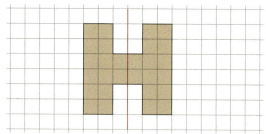

8 Untersuche, ob diese Spielkarten achsensymmetrisch sind.

Geometrische Figuren und Beziehungen

Wiederholen und sichern

1 Prüfe mit dem Geodreieck nach, ob folgende Aussagen wahr (w) oder falsch (f) sind:
$a \perp g$ (w); $d \parallel a$ (w); $b \parallel g$ (f); $e \perp d$ (f)

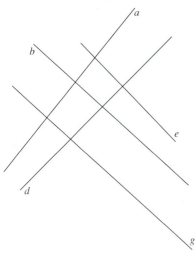

2 Zeichne ein Gitternetz.
a) Trage die Punkte ein
$A(2|1)$; $B(6|1)$; $C(6|5)$; $D(2|5)$.
Verbinde die Punkte durch Geraden. Welche Figur ist entstanden?
b) Zeichne eine Parallele zu $\overline{AB}$ im Abstand 1 cm von Punkt A (nach oben gerechnet).
c) Zeichne eine Gerade durch A und C. Diese schneidet die Parallele zu $\overline{AB}$ in E. Wie sind die Gitterzahlen von E?

3 Zeichne zwei parallele Geraden g und h im Abstand von 4 cm. Ziehe durch beide Geraden zwei Senkrechte im Abstand von 4 cm. Welche Figur entsteht?

4 Zeichne ein Rechteck von 8 cm Länge und 4 cm Breite.
a) Halbiere die Längsseiten.
b) Zeichne durch die Mittelpunkte eine Senkrechte.
c) Welche Figuren sind entstanden?

5 Zeichne eine Gerade c. Markiere auf ihr 4 beliebige Punkte A; B; C und D und errichte jeweils in den Punkten die Senkrechten. Welche Eigenschaften der 4 Senkrechten stellst du fest?

6 Übertrage die Figur in dein Heft und zeichne das Spiegelbild bezüglich der roten Achse.

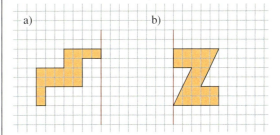

7 Zeichne in ein Gitternetz die Gerade g durch die Punkte P und Q. Trage die übrigen Punkte ebenfalls in das Gitternetz ein und verbinde sie in alphabetischer Reihenfolge.
Ergänze zu einer achsensymmetrischen Figur, in der g Symmetrieachse ist.

P	$(6|0)$
Q	$(4|8)$
A	$(3|12)$
B	$(0|7)$
C	$(5|4)$

8 Zeichne das Dreieck ABC und die Gerade g durch die Punkte P und Q in ein Gitternetz ein.
Ergänze zu einer achsensymmetrischen Figur, in der g Symmetrieachse ist.

A	$(6|7)$
B	$(2|5)$
C	$(4|1)$
P	$(5|4)$
Q	$(7|10)$

9 Hier siehst du das Schrägbild eines Würfels. Zeichne es in dein Heft.

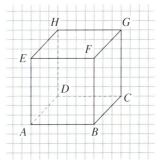

a) Notiere die Buchstaben der Ecken (zähle sie!).
b) Notiere die Kanten (z. B. Strecke $\overline{AB}$).
c) Was kannst du über die Länge der Kanten sagen?
d) Welche Kanten stehen senkrecht aufeinander? (Notiere: $\overline{AE} \perp \overline{AB}$) usw.
e) Welche Flächen kannst du festlegen? z. B. Quadrat $ABFE$ usw.

10 Hier siehst du das Schrägbild eines Quaders. Zeichne es in dein Heft.

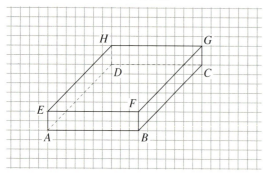

a) Welche Kanten stehen senkrecht aufeinander? (Notiere: $\overline{AE} \perp \overline{AB}$)
b) Welche Flächen kannst du festlegen?
z. B. Rechteck *ABFE* usw.
c) Was kannst du über die Größe der Flächen sagen?
d) Wie stehen die Flächen zueinander?

11 Buchstaben können symmetrisch sein.
a) Welche großen Druckbuchstaben sind achsensymmetrisch?
b) Bei welchen Buchstaben verläuft die Symmetrieachse senkrecht?
c) Bei welchen Buchstaben verläuft die Symmetrieachse waagerecht?
d) Welche Buchstaben haben mehrere Symmetrieachsen?

12 Übertrage die Tabelle in dein Heft und kreuze die richtigen Aussagen an.

	Würfel	Quader
Der Körper besteht aus 6 rechteckigen Seitenflächen.		
Der Körper besteht aus 6 quadratischen Seitenflächen.	×	
Alle Seitenflächen sind gleich groß.		
Gegenüberliegende Seitenflächen sind gleich groß.		
Alle Kanten sind gleich lang.		
Gegenüberliegende Kanten sind gleich lang.		
Gegenüberliegende Kanten sind parallel zueinander.		

! Optische Täuschungen

Was wären wir ohne unsere Augen? Durch die Pupille und Linse fällt das Licht eines Gegenstands in unsere Augen zur Netzhaut. Im Gehirn registrieren wir das Gesehene. Aber unser Gehirn reagiert nicht so schnell wie das Licht. All die Dinge, die mit dem Licht und seinen Wirkungen zu tun haben, gehören zur Optik.

Lässt sich unser Auge (Gehirn) durch irgendeinen Trick täuschen, sprechen wir von „optischer Täuschung".

In der Geometrie kannst du neben deinen Augen auch andere Hilfsmittel verwenden. Schaue, urteile, miss und entscheide endgültig.

13 Sind die Strecken gleich lang?

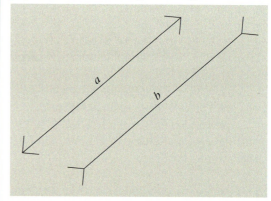

14 Sind die vier Geraden parallel?
Erst schätzen, dann mit dem Geodreieck prüfen!

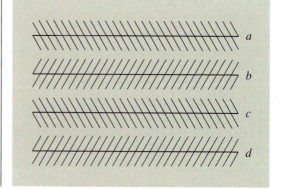

Mathe-Meisterschaft

1 Übertrage die Punkte A (2|3) und C (6|7) in ein Gitternetz (Einheit = 1 cm). *(1 Punkt)*
   a) Zeichne eine Gerade durch A und C und nenne sie g. *(1 Punkt)*
   b) Halbiere die Strecke $\overline{AC}$ und bezeichne den Punkt mit S. *(1 Punkt)*
   c) Errichte im Halbierungspunkt die Senkrechten. *(1 Punkt)*
   d) Zeichne zur Geraden g zwei Parallelen im Abstand von 2 cm. *(1 Punkt)*
   e) Suche die Schnittpunkte der Parallelen mit den Senkrechten und
nenne diese Punkte B und D. *(1 Punkt)*
   f) Verbinde die Punkte A, B, C und D. *(1 Punkt)*

2 Zeichne ein Rechteck mit a = 6 cm und b = 4 cm. *(2 Punkte)*
   a) Benenne die Punkte A; B; C und D (entgegen dem Uhrzeigersinn!). *(1 Punkt)*
   b) Zeichne auf a einen Punkt E, der von Punkt A 1 cm entfernt liegt. *(1 Punkt)*
   c) Zeichne einen weiteren Punkt auf a, der von B 1 cm entfernt ist
und nenne ihn F. *(1 Punkt)*
   d) Durch E und F zeichnest du Parallelen zu b. *(2 Punkte)*
   e) Welche Figur ist entstanden? Miss die Seiten. *(2 Punkte)*
   f) Zeichne die Symmetrieachsen in diese Figur ein. *(2 Punkte)*

3 Betrachte Würfel und Quader.
   a) Wie viele Kanten hat ein Würfel? *(1 Punkt)*
   b) Wie viele Ecken hat ein Quader? *(1 Punkt)*
   c) Am Würfel ist $\overline{AD}$ senkrecht zu $\overline{AE}$. *(2 Punkte)*
Finde zwei weitere Aussagen über die
Stellung der Kanten zueinander.
   d) Welche Kanten eines Quaders
verlaufen parallel zueinander? *(2 Punkte)*

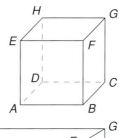

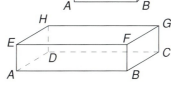

STREICHHOLZRÄTSEL

A

Du hast ein großes Quadrat aus 8 Hölzern. Wenn du 4 Hölzchen anders legst, entsteht eine Figur aus 2 Quadraten.

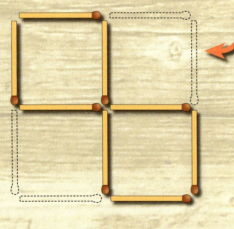

B

Du hast 4 Quadrate. Bilde 3 gleich große Quadrate. Du darfst Hölzchen wegnehmen.

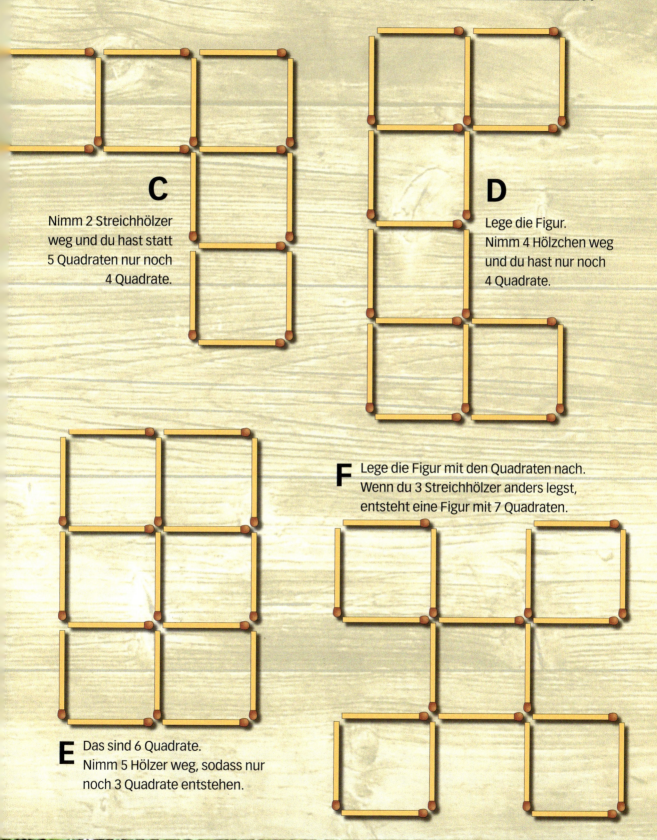

C Nimm 2 Streichhölzer weg und du hast statt 5 Quadraten nur noch 4 Quadrate.

D Lege die Figur. Nimm 4 Hölzchen weg und du hast nur noch 4 Quadrate.

E Das sind 6 Quadrate. Nimm 5 Hölzer weg, sodass nur noch 3 Quadrate entstehen.

F Lege die Figur mit den Quadraten nach. Wenn du 3 Streichhölzer anders legst, entsteht eine Figur mit 7 Quadraten.

Brüche

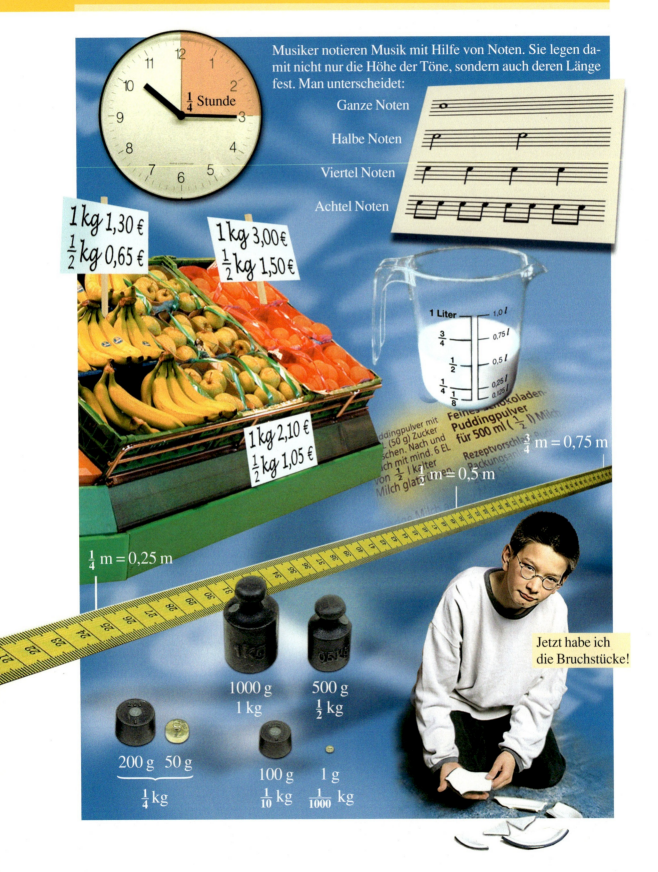

Konkrete Brüche

Wir stellen Brüche her

Auf den folgenden Seiten lernt ihr, was Brüche sind, wie sie entstehen und wie ihr sie herstellen und zeichnen könnt.

Station 1: Brüche durch Falten herstellen

Dieses Material braucht ihr: Großer Papierbogen; 4 farbige Papiere, in den Formen, die unten in der Tabelle abgebildet sind; Kleber

Faltet aus den farbigen Papieren so wie hier für ein Rechteck gezeigt, gleich große Bruchteile. Bestreicht dann **einen Bruchteil** mit Kleber und heftet euer Faltblatt so ins Poster ein, dass ihr später wieder auffalten könnt. Das Poster könnt ihr im Klassenzimmer aufhängen.

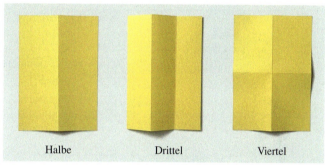

Halbe — Drittel — Viertel

Bruchteile				
Ganze	□	△	○	▱
Halbe				
Viertel				
Achtel				
Drittel				

Konntet ihr alle Bruchteile mit jeder Form gleich gut falten?
Gab es bei einigen Formen mehrere Möglichkeiten zu falten?

Wird ein Ganzes in 2, 3, 4, 5, 6, … gleich große Teile zerlegt, so erhält man Halbe, Drittel, Viertel, Fünftel, Sechstel, … Für einen Teil davon schreibt man $\frac{1}{2}, \frac{1}{3}, \frac{1}{4}, \frac{1}{5}, \frac{1}{6}, …$
Das sind **Brüche**.

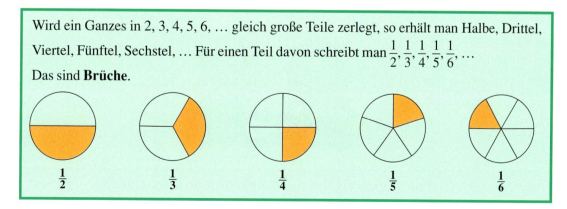

$\frac{1}{2}$ — $\frac{1}{3}$ — $\frac{1}{4}$ — $\frac{1}{5}$ — $\frac{1}{6}$

Station 2: Brüche und Ganze

Dieses Material ist nötig: Rechengeld; 3 m Schnur; Maßband; 20 Büroklammern; Messbecher und Schraubgläser; Waage mit Gewichtssatz; 2 kg Sand; Karteikarten zum Beschriften.

An dieser Station stellt ihr Bruchteile von unterschiedlichen Ganzen her. Ihr könnt eure Ergebnisse in einer kleinen Ausstellung im Klassenzimmer präsentieren.

Nehmt 20 Büroklammern und legt 1 Fünftel davon auf.

Notiert: $\frac{1}{5}$ von 20 Klammern sind 4 Klammern.

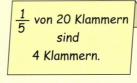
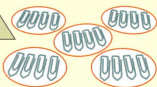

Messt ein Viertel von 1 m Schnur ab. Messt nun ein Viertel von 2 m Schnur ab.

Notiert euer Ergebnis: $\frac{1}{4}$ von 1 m ist ▪ cm, $\frac{1}{4}$ von 2 m ist ▪ cm.

Messt 1 l Wasser mit dem Messbecher ab. Schüttet $\frac{1}{2}$ l in ein Schraubglas um. Messt vom verbleibenden Wasser wieder $\frac{1}{2}$ ab. Wie viel ist das verglichen mit 1 l?

Wiegt 250 g Sand ab. Welcher Bruchteil von 1 kg ist das? Welcher Bruchteil von 2 kg sind die 250 g? Notiert die Ergebnisse.

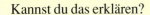

Kannst du das erklären?

300 € Anzahlung – das ist $\frac{1}{5}$ des Preises für die Waschmaschine.

300 € ist $\frac{1}{2}$ des Preises für das Fernsehgerät.

> Wie groß ein Bruchteil wird, hängt davon ab, wie groß das Ganze ist.

Konkrete Brüche

Station 3: Bruchteile legen und zusammenfassen

Benötigtes Arbeitsmaterial: Je 5 Rechtecke und Kreise (auf Blätter gezeichnet und ausgeschnitten); ein Rechteck und ein Kreis bleiben als Ganze erhalten, die restlichen vier Rechtecke und Kreise werden jeweils in Halbe, Viertel, Achtel, Zehntel eingeteilt und zerschnitten.

Hier lernst du, wie man Bruchteile legen und zusammenfassen kann. Lege die Aufgaben nach und notiere deine Ergebnisse im Heft.
Finde für die noch nicht verwendeten Bruchteile selbst Aufgaben.

Beispiel

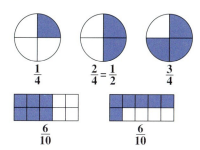

Notiere: $\frac{2}{4}$ kann man mit zwei $\frac{1}{4}$- Bruchteilen legen.

Gleichartige Bruchteile lassen sich zusammenfassen.

Übungen

1 Welcher Bruchteil der Gesamtfläche ist rot gefärbt?
Gib den Bruchteil als Bruch an.

a)   g)

b)    h)

c)

d)   i)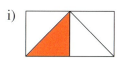

e)   j)

f)   k)

  l)

2 Miss die Strecken genau nach. Gib den roten Teil der Strecke als Bruch an.
a)
b)
c)

3 Falte ein ausgeschnittenes Rechteck so, dass es in acht gleich große Teile zerlegt wird. Färbe $\frac{3}{8}$ des Rechtecks.

4 Schneide ein Quadrat mit 10 cm Seitenlänge aus. Falte es in acht gleich große Teile. Färbe $\frac{3}{8}$ blau und den Rest gelb. Wie viel Achtel werden gelb?

5 Zeichne Quadrate. Färbe die Bruchteile der Quadrate, die diese Brüche darstellen.

a) $\frac{1}{2}$ d) $\frac{3}{8}$ g) $\frac{2}{3}$ j) $\frac{1}{6}$

b) $\frac{3}{4}$ e) $\frac{5}{8}$ h) $\frac{2}{4}$ k) $\frac{3}{6}$

c) $\frac{2}{10}$ f) $\frac{2}{5}$ i) $\frac{2}{6}$ l) $\frac{4}{5}$

6 Wie kannst du $\frac{1}{2}$ mit Achteln legen?

Station 4: Brüche, Bruchschreibweise und Fachbegriffe

Hier benötigst du das Buch. Ein Ganzes wird in 2, 3, 4, 6 gleiche Teile zerlegt.

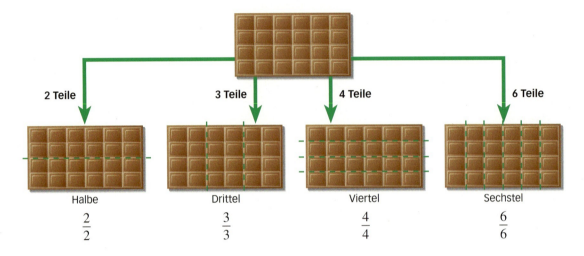

Bruchteile können von unterschiedlichen Mengen gebildet werden:

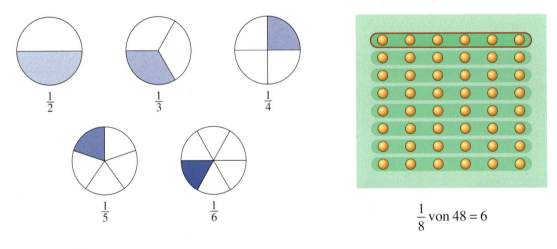

$\frac{1}{8}$ von 48 = 6

Wird ein Ganzes in 2, 3, 4, 5, 6 … gleich große Teile zerlegt, so erhält man Halbe, Drittel, Viertel, Fünftel, Sechstel … Dafür schreibt man $\frac{1}{2}, \frac{1}{3}, \frac{1}{4}, \frac{1}{5}, \frac{1}{6}$ …
Das sind **Brüche**.

Übungen

1 Gib jeweils $\frac{1}{4}$ an.
a) von 24 Eiern
b) von 40 Stück
c) von 64 Kindern

2 Wie viel ist das Ganze?
a) $\frac{1}{10}$ ist 10 Meter
b) $\frac{1}{5}$ ist 20 Euro
c) $\frac{1}{4}$ ist 8 Schüler
d) $\frac{1}{2}$ ist 250 Kilometer

Konkrete Brüche

Bruchschreibweise

So beschreiben wir **Brüche** in Bruchschreibweise:

Zähler ↓
$\frac{1}{3}$ ← Bruchstrich
↑ Nenner

Zähler ↓
$\frac{3}{4}$ ← Bruchstrich
↑ Nenner

Der **Nenner** gibt an, in wie viele Teile ein Ganzes zerlegt wurde.
Der **Zähler** gibt die Anzahl der Bruchteile an.

Übungen

1 Schreibe in Bruchschreibweise.

2 Notiere in Bruchschreibweise. Wie heißen Zähler und Nenner?
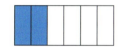

3 Gib die gefärbten Bruchteile an.
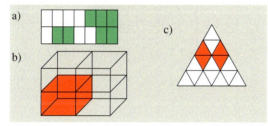

4 In der Klasse 5a wurden Tomatenpflanzen aus Samen gezogen. Die Kinder erprobten daran verschiedene Düngemittel. Nach 3 Monaten vergleichen sie.

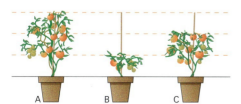

Beschreibe die Größe der Pflanzen B und C als Bruchteile von A. Wie wirken die verschiedenen Dünger?

5 Sind die farbigen Teile als Bruch richtig geschrieben? Begründe. Beachte den Merksatz auf Seite 101.

a) 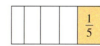 c)

b) 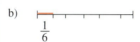 d)

6 Was stimmt hier nicht? Vater sagt: „Von dieser Tafel Schokolade bekommen Petra, Uli, Gudrun, Stefanie und Rosi je ein Viertel."

7 Von einem Gartenbeet bearbeitet Ute ein Fünftel. Susanne ein Sechstel. Wer bepflanzt mehr? Begründe durch eine Zeichnung.

8 Ist hier richtig gezeichnet worden?

a)   c)   e)

b)   d)   f)

9 Zeichne die Brüche als Bruchteile von Rechtecken und Strecken.
a) $\frac{1}{2}$ b) $\frac{1}{3}$ c) $\frac{1}{5}$ d) $\frac{1}{8}$ e) $\frac{1}{10}$ f) $\frac{1}{4}$

10 Miss die Strecke genau nach. Gib den blauen Teil der Strecke als Bruch an.

Station 5: Brüche zeichnen

Du brauchst dein Heft; Lineal; Bleistift; Buntstifte in zwei Farben deiner Wahl.

Dies sind alle wichtigen Formen, mit deren Hilfe man Brüche darstellen kann:

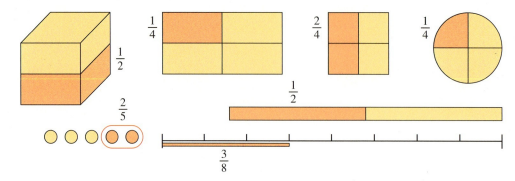

Betrachte wie Leonie und Christof gezeichnet haben. Wer arbeitete vorteilhaft?

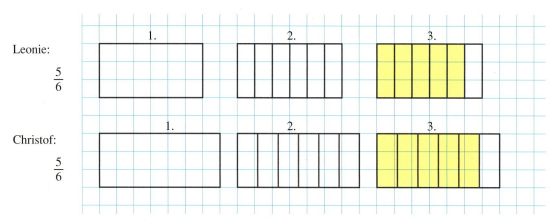

Beschreibe die drei Arbeitsschritte im Heft.

Übungen

1 Zeichne

$\frac{2}{3}$ von 6 cm; $\frac{4}{5}$ von 10 cm; $\frac{3}{4}$ von 12 cm

$\frac{1}{2}$ von 9 cm; $\frac{2}{6}$ von 12 cm; $\frac{1}{3}$ von 9 cm

2 Wie viele cm lang kannst du das Ganze zeichnen, wenn du folgende Brüche darstellen sollst?
a) $\frac{4}{10}, \frac{3}{5}, \frac{1}{2}, \frac{2}{4}, \frac{4}{6}, \frac{7}{8}, \frac{5}{10}, \frac{3}{4}, \frac{1}{3}, \frac{4}{8}, \frac{2}{3}$
b) Überlege, welche Modelle sich besonders für Fünftel, Viertel, Drittel, Achtel eignen.
c) Welche Brüche kannst du gut mit dem Körpermodell veranschaulichen?

3 Welche dieser Bruchteile (Viertel, Sechstel, Halbe, Fünftel, Zehntel, Achtel, Drittel) lassen sich
a) am besten als Teile eines Kreises zeichnen?
b) am besten als Teile eines Rechtecks darstellen?
c) am besten als Teile einer Strecke zeichnen?

4 Warum eignet sich ein Dreieck nicht so gut für die Darstellung von Brüchen?

5 Alex soll $\frac{3}{4}$ von 36 Murmeln darstellen. Welche Form könnte er wählen?
Überprüft verschiedene Modelle auf ihre Zweckmäßigkeit und fertigt Zeichnungen an.

Wir untersuchen Bruchteile von Längen

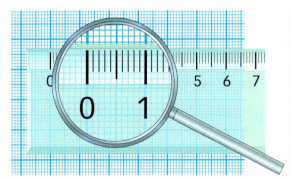

Wir können sehen, dass 1 mm $\frac{1}{10}$ von 1 cm ist. Das schreiben wir so:
$$1 \text{ mm} = \frac{1}{10} \text{ cm}$$

Wir erkennen, dass 1 cm $\frac{1}{100}$ von 1 m ist. Wir schreiben so:
$$1 \text{ cm} = \frac{1}{100} \text{ m}$$

Die Tabellen zeigen uns den Zusammenhang zwischen mm, cm, dm, m und km.

1 km	=	**1000 m**				
		1 m	=	**10 dm**	=	100 cm	=	1000 mm
				1 dm	=	10 cm	=	100 mm
						1 cm	=	10 mm

$$1 \text{ mm} = \tfrac{1}{10} \text{ cm} = \tfrac{1}{100} \text{ dm} = \tfrac{1}{1000} \text{ m}$$
$$1 \text{ cm} = \tfrac{1}{10} \text{ dm} = \tfrac{1}{100} \text{ m}$$
$$1 \text{ dm} = \tfrac{1}{10} \text{ m}$$
$$1 \text{ m} = \tfrac{1}{1000} \text{ km}$$

Beispiel

a) $20 \text{ cm} = 2 \cdot 1 \text{ dm} = 2 \cdot \frac{1}{10} \text{ m} = \frac{2}{10} \text{ m}$

b) $\frac{4}{10} \text{ m} = 4 \cdot \frac{1}{10} \text{ m} = 4 \text{ dm}$

Übungen

1 Gib die Länge in der nächstgrößeren Einheit an.

a) 2 mm   b) 5 dm   c) 12 cm   d) 50 m

2 Rechne in die angegebene Einheit um.

a) $\frac{9}{10}$ m in dm
b) $\frac{7}{10}$ cm in mm
c) $\frac{250}{1000}$ km in m
d) $\frac{65}{100}$ m in cm

3 Ordne die Längen der Größe nach.

$\frac{20}{100}$ m, $\frac{5}{1000}$ m, $\frac{3}{10}$ m, $\frac{3}{100}$ dm, $\frac{2}{10}$ cm, $\frac{8}{10}$ dm

4 Beim 1000-m-Lauf hast du $\frac{3}{4}$ der Strecke hinter dir, da bekommst du Seitenstechen.
a) Welchen Bruchteil der Strecke hast du noch vor dir?
b) Wie viele Meter hast du schon geschafft?
c) 100 m vor dem Ziel hast du dich wieder erholt und kannst schneller laufen. Welcher Bruchteil der Gesamtstrecke muss noch zurückgelegt werden?

Wir untersuchen Bruchteile von Gewichten

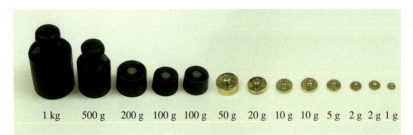

1 kg   500 g   200 g   100 g   100 g   50 g   20 g   10 g   10 g   5 g   2 g   2 g   1 g

Früher wurden zum Abwiegen Gewichtsstücke verwendet. Im Wägesatz fanden sich 1 g, 2 g, 5 g, 10 g, 20 g, 50 g, 100 g, 200 g, 500 g und 1000 g schwere Gewichte. Für 1000 g sagt man auch 1 Kilogramm. Die Tabellen erleichtern dir das Umrechnen.

$$1\ t = 1000\ kg$$
$$1\ kg = 1000\ g$$

$$1\ g = \tfrac{1}{1000}\ kg$$
$$1\ kg = \tfrac{1}{1000}\ t$$

Beispiele

a) $500\ g = 1000\ g : 2 = 1\ kg : 2 = \tfrac{1}{2}\ kg$

b) $250\ g = 1000\ g : 4 = 1\ kg : 4 = \tfrac{1}{4}\ kg$

Übungen

 1 Wie viel Gramm sind das?
a) $\tfrac{250}{1000}$ kg   b) $\tfrac{100}{1000}$ kg   c) $\tfrac{2500}{1000}$ kg   d) $\tfrac{30}{1000}$ kg

2 Gib in Tonnen an.
a) 450 kg   b) 210 kg   c) 1250 kg

3 Maßeinteilungen gehen häufig über ein Ganzes hinaus. Die Maßeinteilung einer Waage reicht bis 5 kg. Zeichne eine Skala, die bei 4 cm genau ein kg anzeigt. Markiere.
a) $\tfrac{1}{2}$ kg   c) $1\tfrac{1}{2}$ kg   e) $4\tfrac{1}{4}$ kg
b) $\tfrac{3}{4}$ kg   d) $3\tfrac{3}{8}$ kg   f) $2\tfrac{3}{8}$ kg

4 Wie viele Bruchteile eines Kilogramms zeigt die Wagskala an?

5 Rechne in Gramm um.
a) $\tfrac{1}{4}$ kg   c) $\tfrac{3}{4}$ kg   e) $1\tfrac{1}{2}$ kg
b) $\tfrac{1}{8}$ kg   d) $\tfrac{7}{8}$ kg   f) $3\tfrac{3}{8}$ kg

6 Wie viel Kilogramm zeigt die Waage an?
a) 250 g   c) 100 g   e) 800 g
b) 200 g   d) 125 g   f) 750 g

7 Mit welchen Bruchteilen eines Kilogramms sind die Messbecher gefüllt?

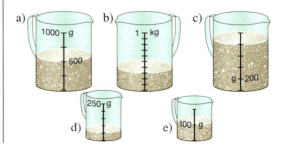

Konkrete Brüche

Wir untersuchen Bruchteile von Geldbeträgen

100 Cent = 1 €

1 Ct = $\frac{1}{100}$ €

Beispiel

a) 25 Cent = $\frac{25}{100}$ Euro

b) $\frac{48}{100}$ Euro = 48 Cent

Übungen

1 Gib als Bruchteil von 1 Euro an:
50 Ct, 26 Ct, 30 Ct, 75 Ct, 60 Ct, 87 Ct.

2 Wie viel Cent sind das?
$\frac{3}{100}$ €, $\frac{66}{100}$ €, $\frac{98}{100}$ €, $\frac{51}{100}$ €, $\frac{1}{10}$ €, $\frac{8}{100}$ €, $\frac{6}{10}$ €, $\frac{60}{100}$ €, $\frac{77}{100}$ €, $\frac{8}{10}$ €

3 Ordne die Geldbeträge aufsteigend:
$\frac{78}{100}$ €, 87 Ct, $\frac{8}{10}$ €, $\frac{7}{100}$ €, $\frac{870}{100}$ €,

4 Ergänze auf 1 Euro.
$\frac{43}{100}$ €, $\frac{52}{100}$ €, $\frac{14}{100}$ €, $\frac{79}{100}$ €, $\frac{37}{100}$ €

5 Gib in Euro und Cent an.
$\frac{75}{100}$ €, $\frac{230}{100}$ €, $\frac{500}{100}$ €, $\frac{750}{100}$ €, $\frac{1000}{100}$ €, $\frac{4}{10}$ €, $\frac{12}{10}$ €, $\frac{20}{10}$ €

Bist du fit?

① Prüfe mit dem Geodreieck, welche Geraden parallel oder senkrecht zueinander verlaufen.

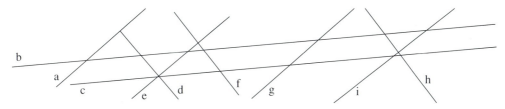

② Welche der Schachteln wurde aus dem Netz gefaltet? Zeichne die Netze für die anderen Faltschachteln.

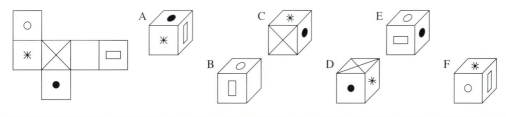

Wir addieren und subtrahieren Bruchteile

In der Bäckerei sind Teile von zwei Kuchen übrig geblieben. Jeder Kuchen hatte 8 gleich große Stücke. Die Bäckerin zählt zusammen:

Von einem ganzen Kuchen mit 8 gleich großen Teilen sind 5 Stücke übrig. Die Bäckerin verkauft noch 2 Stücke.

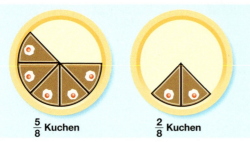
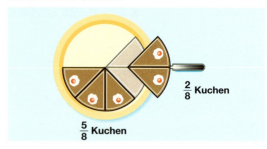

5 Stücke + 2 Stücke = 7 Stücke
$\frac{5}{8}$ Kuchen + $\frac{2}{8}$ Kuchen = $\frac{7}{8}$ Kuchen

5 Stücke − 2 Stücke = 3 Stücke
$\frac{5}{8}$ Kuchen − $\frac{2}{8}$ Kuchen = $\frac{3}{8}$ Kuchen

> Bruchteile mit gleichem Nenner heißen **gleichnamige Brüche**.
> Gleichnamige Brüche werden **addiert**, indem man die **Zähler addiert**.
> Sie werden **subtrahiert**, indem man die **Zähler subtrahiert**.
> Der Nenner bleibt bei Addition und Subtraktion gleich.

Beispiel

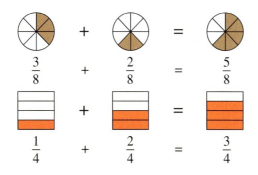
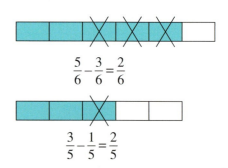

Übungen

1 Rechne mit Hilfe eines Meterstabes.

a) $\frac{1}{2}$ m + $\frac{1}{2}$ m
b) $\frac{2}{10}$ m + $\frac{5}{10}$ m
c) $\frac{3}{4}$ m − ☐ = $\frac{1}{4}$ m
d) ☐ − $\frac{7}{10}$ m = $\frac{2}{10}$ m

2 Rechne an Strecken, die in zehn gleich lange Teile geteilt wurden.

a) $\frac{7}{10}$ m + $\frac{2}{10}$ m
b) $\frac{8}{10}$ dm − $\frac{6}{10}$ dm
c) $\frac{9}{10}$ cm + $\frac{6}{10}$ cm
d) $\frac{13}{10}$ m − $\frac{7}{10}$ m

3 Zeichne Kreise und schneide sie in Achtel. Löse die Aufgaben mit den Kreisen.

Beispiel:

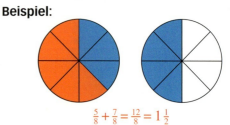

$\frac{5}{8} + \frac{7}{8} = \frac{12}{8} = 1\frac{1}{2}$

a) $\frac{3}{8} + \frac{9}{8}$
b) $\frac{11}{8} - \frac{5}{8}$
c) $\frac{3}{8} + \frac{1}{8}$
d) $\frac{5}{8} + \frac{3}{8}$

Konkrete Brüche

4 Übertrage die Zeichnungen in dein Heft. Zeichne die Strecken 10 cm lang. Welche Rechenaufgaben sind dargestellt?

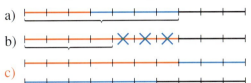

5 Schreibe zu jeder Zeichnung eine Additionsaufgabe und löse sie. Erkläre die Regel für die Addition von gleichnamigen Brüchen.

a)  b)   c)

6 Löse an geeigneten Rechtecken.

a) $\frac{1}{5} + \frac{2}{5}$ b) $\frac{3}{10} + \frac{2}{10}$ c) $\frac{3}{8} + \frac{7}{8}$

7 Übertrage die Zeichnungen in dein Heft. Zeichne die Streifen 10 cm lang. Welche Rechenaufgaben sind dargestellt? Erkläre die Regel für die Addition von gleichnamigen Brüchen.

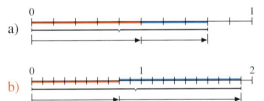

8 Übertrage die Zeichnungen in dein Heft. Zeichne die Streifen 10 cm lang. Welche Subtraktionsaufgaben sind dargestellt? Erkläre die Rechenregel für die Subtraktion von gleichnamigen Brüchen.

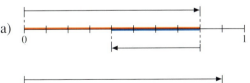

c) $\frac{1}{2} + x = \frac{6}{2}$ $x - \frac{2}{3} = \frac{2}{3}$

$x + \frac{1}{4} = \frac{3}{4}$ $x - \frac{2}{5} = \frac{3}{5}$

9 Übertrage in dein Heft und fülle die leeren Felder aus.

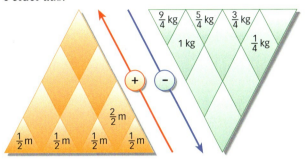

10 Wie viel fehlt zum Ganzen? Notiere: $\frac{1}{2} + \frac{1}{2} = 1$

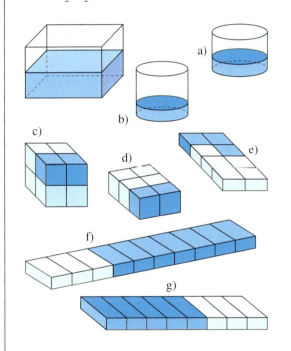

11 Welcher Bruchteil fehlt zum Kilogramm? Wie viele Gramm liegen auf den Waagen?

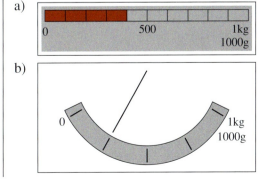

Wiederholen und sichern

1 Die Tankuhr zeigt an, zu wie vielen Bruchteilen der Tank noch mit Benzin gefüllt ist.
a) Lies ab.
b) Muss der Tank aufgefüllt werden?
c) Mit einer ganzen Tankfüllung kann man 440 km weit fahren. Was kannst du berechnen?

2 Bei einer Packung Milchreis steht auf der Rückseite eine Portionierhilfe. Wie viele Bruchteile der Reispackung bleiben übrig, wenn für 2 Personen Milchreis zubereitet wurde? Zeichne im Heft.

3 Ein Trimm-dich-Pfad hat 11 Stationen und 10 gleich lange Laufstrecken. Katrin ist bereits 7 dieser Teilstrecken gejoggt. Skizziere.
a) Welchen Bruchteil der Gesamtstrecke hat sie bereits zurückgelegt?
b) Welchen Bruchteil der Gesamtstrecke muss Katrin noch zurücklegen?
c) Welchen Bruchteil der Strecke musste Katrin noch laufen, als sie an Station 5 ihre Übungen beendet hatte?

d) An Station 8 trifft sie ihre Freundin, die den Trimm-dich-Pfad in entgegengesetzter Richtung durchläuft. Welchen Bruchteil der Strecke hat die Freundin schon geschafft?
e) Carlo beginnt seinen Trimm-Lauf an Station 5, läuft bis Station 11 und zu seinem Startpunkt zurück. „Du solltest so viel trainieren wie ich", sagt Katrin.

4 An einem Heizöltank sieht man diese Tankanzeige.

Füllvermögen 6000 l

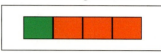

a) Muss Herr Brendel Heizöl nachbestellen, wenn seine Tankanzeige so steht? Begründe.
b) Zu welchem Bruchteil ist der Tank noch gefüllt?
c) Welcher Bruchteil des Öls wurde verbraucht?

5 Falte ein ausgeschnittenes Rechteck so, dass es in vier gleich große Teile zerlegt wird. Färbe $\frac{3}{4}$ des Rechtecks.

6 Zeichne eine 8 cm lange Strecke. Teile sie in acht gleich lange Teile. Zeichne Teilstrecken, die $\frac{3}{8}$, $\frac{5}{8}$, $\frac{7}{8}$ der Strecke betragen.

7 Wie viele Teile des Waldes im Fichtelgebirge sind Laub- bzw. Nadelwald?

8 Welcher Bruchteil fehlt auf 1 Euro?
66 Ct, 70 Ct, 20 Ct, 7 Ct, 1 Ct, 99 Ct

9 Welcher Bruchteil fehlt auf eine Tonne? Notiere als Gleichung.
200 kg, 455 kg, 775 kg, 973 kg, 100 kg

10 Rechne.
a) $\frac{1}{2} + \frac{2}{2} - (\frac{1}{2} + \frac{1}{2})$
b) $\frac{3}{4} - (\frac{1}{4} + \frac{1}{4})$
c) $\frac{6}{8} + (\frac{3}{8} - \frac{2}{8})$
d) $(\frac{3}{4} + \frac{2}{4}) - (\frac{3}{4} - \frac{1}{4})$
e) $(\frac{50}{100} + \frac{35}{100}) - \frac{40}{100}$
f) $\frac{6}{10} + \frac{3}{10} - (\frac{2}{10} + \frac{3}{10})$

11 Gib als Bruchteil eines Dezimeters an:
2 cm, 4 cm, 8 cm, 1 cm, 9 cm, 5 cm, 3 cm, 6 cm, 7 cm, 5 mm, 9 mm, 8 mm.

Konkrete Dezimalbrüche

Wir schreiben Geldbeträge mit Komma

Hier sind verschiedene Geldbeträge angegeben.

Geldbeträge können wir auf verschiedene Arten schreiben.

Beispiel

1,86 €

a) Wir schreiben:
       1,86 €
 oder 1 € 86 Cent
 oder 186 Cent

Wir lesen:
eins Komma acht sechs €
ein Euro sechsundachtzig Cent
einhundertsechsundachtzig Cent

> Das Komma trennt die Eurobeträge von den Centbeträgen. Links vom Komma steht die Anzahl der €, rechts vom Komma die Anzahl der Cent.

Wir erweitern die Stellenwerttafel um Zehntel (z) und Hundertstel (h).

	Dezimalzahlen						
	Ganze				Komma	Dezimalstellen	
	T	H	Z	E		z	h
10 Ct →				0	,	1	0 €
1 Ct →				0	,	0	1 €
65 Ct →				0	,	6	5 €
186 Ct →				1	,	8	6 €

100 Cent = 1 €
10 Cent = $\frac{1}{10}$ €
1 Cent = $\frac{1}{100}$ €

> Zahlen mit einem Komma werden Dezimalbrüche (Dezimalzahlen) genannt. Dezimalbrüche sind Bruchzahlen in einer anderen Scheibweise.

Übungen

1 Lies folgende Beträge erst in Cent, dann in € und Cent.
a) 2,79 €   c) 12,98 €   e) 18,63 €
b) 0,09 €   d) 7,75 €   f) 15,03 €

2 Zeichne eine Stellenwerttafel und trage die Geldbeträge ein.
Gib dann die Beträge in € mit Komma an.
a) 16 Ct   d) 12 € 90 Ct   g) 225 Ct
b) 25 Ct   e) 18 € 9 Ct   h) 17 € 18 Ct
c) 123 Ct f) 113 € 99 Ct i) 912 Ct

3 Schreibe die Beträge mit Komma.

H	Z	E	z	h
		1	,	0	1

 1 € 1 Cent
a) 1 € 10 Cent
b) 100 € 90 Cent
c) 9 € 9 Cent
d) 380 € 99 Cent

4 Schreibe in € mit Komma.
a) 1 Cent   e) 699 Cent   i) 95 500 Cent
b) 78 Cent   f) 1111 Cent   j) 100 001 Cent
c) 128 Cent   g) 7829 Cent   k) 5555 Cent
d) 808 Cent   h) 79 102 Cent   l) 111 111 Cent

5 Schreibe folgende Größen erst in Cent, dann in € und Cent.
a) 0,05 €   e) 580,73 €
b) 0,90 €   f) 960,02 €
c) 2,17 €   g) 2930,60 €
d) 25,36 €   h) 8768,89 €

6 Schreibe zuerst in Cent, dann in € mit Komma.
a) 5 € 5 Cent   d) 60 € 60 Cent
b) 9 € 12 Cent   e) 200 € 75 Cent
c) 50 € 5 Cent

7 Schreibe mit Ziffern in € mit Komma.
a) achtzehn € fünfunddreißig Cent
b) elf € elf Cent
c) fünfzig € drei Cent
d) dreiundachtzig € zweiundvierzig Cent
e) siebenundneunzig € dreizehn Cent
f) einundsiebzig € vierunddreißig Cent

8

1 Los = 0,50 €
3 Lose = 1,20 €
5 Lose = 2,00 €

a) Wie viel kosten 2, 3, 5, 12 Lose?
b) Sabrina hat für Lose 2,90 € ausgegeben.
c) Stelle ähnliche Aufgaben.

9 Übertrage die folgende Tabelle in dein Heft. Trage ein, mit welchen Münzen und Banknoten du folgende Geldbeträge auszahlen kannst. Verwende dabei möglichst wenige Münzen und Banknoten.

	148,35 €	165,66 €	1234,05 €
500 €	–		
200 €	–		
100 €	1		
50 €	–		
20 €	2		
10 €	–		
5 €	1		
2 €	1		
1 €	1		
50 Cent			
20 Cent	1		
10 Cent	1		
5 Cent	1		
2 Cent	–		
1 Cent	–		

10 Folgende Geldbeträge sollen mit möglichst wenigen Banknoten und Münzen bezahlt werden.
a) 46,92 €   e) 280,60 €
b) 64,39 €   f) 895,43 €
c) 18,60 €   g) 962,18 €
d) 27,15 €   h) 1009,31 €

11 Ordne folgende Geldbeträge nach ihrem Wert. Gehe so vor wie im Beispiel.

Beispiel: Zu ordnen sind:
2,57 €; 305 Cent; 1 € 90 Cent; 0,56 €
1. Lösungsschritt:
2,57 €   3,05 €   1,90 €   0,56 €
2. Lösungsschritt:
0,56 € < 1,90 € < 2,57 € < 3,05 €

a) 15 € 60 Cent; 1426 Cent; 9,99 €; 1005 Cent
b) 45 € 36 Cent; 39,90 €; 8203 Cent; 8 €

12 Ein 20-€-Schein soll gewechselt werden in …
a) 50-Cent-Stücke;
b) in 10-Cent-Stücke

Konkrete Dezimalbrüche

Wir schreiben Gewichte mit Komma

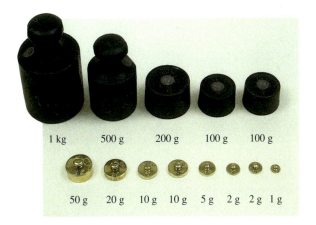

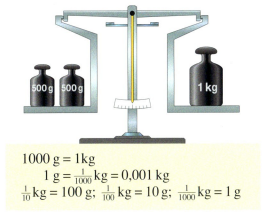

1000 g = 1 kg
1 g = $\frac{1}{1000}$ kg = 0,001 kg
$\frac{1}{10}$ kg = 100 g; $\frac{1}{100}$ kg = 10 g; $\frac{1}{1000}$ kg = 1 g

Wir schreiben die Gewichte in eine Stellenwerttafel:

	kg			g		
	H	Z	E	z	h	t
500 g →			0 ,	5	0	0
1250 g →			1 ,	2	5	0
15 g →			0 ,	0	1	5
150 g →			0 ,	1	5	0

Wir schreiben als Kilogramm:
500 g = 0 kg 500 g = 0,500 kg
1250 g = 1 kg 250 g = 1,250 kg
15 g = 0 kg 15 g = 0,015 kg
150 g = 0 kg 150 g = 0,150 kg

> Das Komma trennt die Kilogramm von den Gramm. Links vom Komma steht die Anzahl der Kilogramm, rechts vom Komma die Anzahl der Gramm.

Übungen

1 Gib in der kleinsten Maßeinheit an.
a) 4 kg 3 g   d) 35 t 25 kg
b) 28 kg 456 g   e) 429 t 62 kg
c) 482 kg 17 g   f) 230 kg 621 g

2 Gib die Gewichtsangaben in der nächstgrößeren Maßeinheit an.
a) 3000 g   d) 8000 kg
b) 26 000 g   e) 56 000 kg
c) 242 000 g   f) 100 000 kg

3 Verwandle die Angaben in Kilogramm (kg) und Gramm (g).
a) 2851 g   e) 128 700 g
b) 95 650 g   f) 314 550 g
c) 24 555 g   g) 510 151 g
d) 54 112 g   h) 111 111 g

4 Übertrage die Tabelle von oben in dein Heft. Trage folgende Angaben ein und rechne wie im Beispiel.

Beispiel:
1375 g = 1 kg 375 g = 1,375 kg

a) 5 g   e) 1750 g   i) 4072 g
b) 25 g   f) 4002 g   j) 51 050 g
c) 750 g   g) 8120 g   k) 72 990 g
d) 995 g   h) 9453 g   l) 86 554 g

5 Schreibe die folgenden Gewichtsangaben in Gramm (g).
a) 0 kg 17 g   g) 604 kg 750 g
b) 5 kg 170 g   h) 90 kg 90 g
c) 20 kg 2 g   i) 410 kg 211 g
d) 1 kg 1 g   j) 2 kg 1 g
e) 10 kg 100 g   k) 99 kg 9 g
f) 46 kg 600 g   l) 105 kg 110 g

Brüche

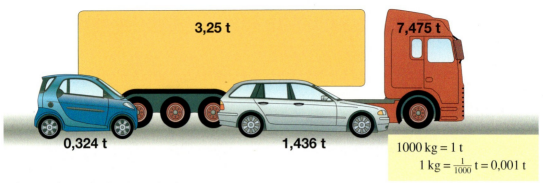

1000 kg = 1 t
1 kg = $\frac{1}{1000}$ t = 0,001 t

Wir schreiben die Gewichte in eine Stellenwerttafel:

	Tonnen (t)			kg		
	H	Z	E	z	h	t
3250 kg →			3 ,	2	5	0
540 kg →			0 ,	5	4	0
1295 kg →			1 ,	2	9	5

Wir schreiben als Tonne:
3250 kg = 3 t 250 kg = 3,250 t
540 kg = 0 t 540 kg = 0,540 t
1295 kg = 1 t 295 kg = 1,295 t

Übungen

1 Schreibe in Tonnen (t) nach folgendem **Beispiel**: 620 kg = 0,620 t

a) 43 kg
b) 104 kg
c) 620 kg
d) 1002 kg
e) 46 005 kg
f) 240 100 kg
g) 500 500 kg
h) 810 650 kg

2 Schreibe in Tonnen (t).
a) 1 t 1 kg
b) 5 t 50 kg
c) 8 t 700 kg
d) 24 t 720 kg
e) 100 t 100 kg
f) 250 t 2 kg
g) 430 t 71 kg
h) 641 t 128 kg

3 Vergleiche die Gewichtsangaben und ordne der Größe nach.
a) 1230 g; 4 kg 150 g; 6,5 kg
b) 0,125 kg; 1,2 t; 1 t 150 kg
c) 0,2 t; 250 kg; 2500 kg; 2,8 kg
d) 1,1 kg; 1110 g; 1 kg 111 g

4 Vergleiche die Gewichtsangaben miteinander und setze an Stelle von ▧ eines der Zeichen „<" oder „>" oder „=" richtig ein.
a) 1,500 kg ▧ 1 kg 50 g
b) 750 g ▧ 0,075 kg
c) 6 kg 25 g ▧ 6,025 kg
d) 14,010 kg ▧ 1410 g
e) 0,018 t ▧ 180 kg

5 Im Bild sind die Körpergewichte einiger Kinder angegeben.

Rolf: 39,010 kg
Ute: 38 750 g
Udo: 36 kg 410 g
Elke: 36 050 g
Michael: 42,5 kg

a) Schreibe alle Gewichtsangaben in Kilogramm mit Komma.
b) Ordne die Kinder anschließend nach ihrem Körpergewicht. Beginne mit dem höchsten Gewicht.
c) Zeichne in dein Heft ein Pfeilbild für die Beziehung „... *ist schwerer als* ..."

6 Schreibe folgende Größen in Kilogramm (kg) mit Komma.
a) 86 g
b) 580 g
c) 2810 g
d) 3040 g
e) 5350 g
f) 48 912 g
g) 50 748 g
h) 136 700 g
i) 534 028 g
j) 900 090 g
k) 100 100 g
l) 200 440 g

Wir schreiben Längen mit Komma

Beim Schulsportfest wird Bert in seiner Klasse mit 368 cm Sieger im Weitsprung. An Stelle von 368 cm können wir auch schreiben: 3 m 68 cm oder 3,68 m.

Die Schreibweise mit dem Komma – also 3,68 m – lesen wir „drei Komma sechs acht Meter".

Längen können wir in verschiedenen Maßeinheiten angeben.

Wenn wir Längen mit Komma schreiben wollen, müssen wir wissen:

1 dm = $\frac{1}{10}$ m = 0,1 m	1 cm = $\frac{1}{10}$ dm = 0,1 dm
1 cm = $\frac{1}{100}$ m = 0,01 m	1 mm = $\frac{1}{10}$ cm = 0,1 cm
1 mm = $\frac{1}{1000}$ m = 0,001 m	1 m = $\frac{1}{1000}$ km = 0,001 km

Zehnerbruch — Dezimalschreibweise

$\frac{3}{10}$ cm = 0,3 cm

= 3 mm

Auch mit einer Stellenwerttafel können wir Längen in verschiedenen Schreibweisen angeben.

	m		dm	cm	mm	
	H	Z	E	z	h	t
368 cm →			3 ,	6	8		m
97 cm →			0 ,	9	7		m
5 cm →			0 ,	0	5		m
35 mm →			0 ,	0	3	5	m

	km			m		
	H	Z	E	z	h	t
1250 m →			1 ,	2	5	0	km
720 m →			0 ,	7	2	0	km
100 m →			0 ,	1	0	0	km
10 m →			0 ,	0	1	0	km

Beispiele

a) 295 cm = 2 m 95 cm = 2,95 m
b) 56 mm = 5 cm 6 mm = 5,6 cm
c) 35 cm = 3 dm 5 cm = 3,5 dm
d) 63 dm = 6 m 3 dm = 6,3 m

Übungen

1 Wie viele cm?
a) 0,5 m   d) 0,01 m   g) 0,09 m
b) 0,25 m   e) 1,09 m   h) 1,37 m
c) 1,75 m   f) 2,16 m   i) 2,01 m

2 Längen mit Komma.
a) 1250 m = 1 km 250 m = ☐ km
b) 650 mm = 6 dm 50 mm = ☐ dm
c) 3123 mm = 3 m 1 dm 2 cm 3 mm = ☐ m
d) 3018 mm = 3 m 0 dm 1 cm 8 mm = ☐ m

Brüche

3 Zeichne eine Stellenwerttafel und trage die folgenden Längen ein.
a) 12,5 cm   d) 0,05 m   g) 10,2 m
b) 17,2 dm   e) 2 dm   h) 0,55 m
c) 1,05 m   f) 12,7 m   i) 2,56 m

4 Übertrage die Tabelle in dein Heft und ergänze die fehlenden Werte.

	m	dm	cm	mm
a)			12	
b)	0,95			
c)		15		
d)				120
e)			450	
f)	2,3			
g)		20		

5 Übertrage in dein Heft und verbinde gleiche Längenangaben durch Linien.

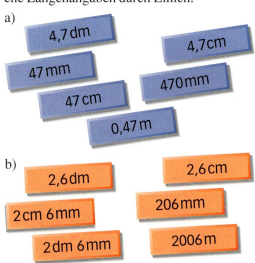

6 Schreibe folgende Längen in der nächstgrößeren Maßeinheit.
a) 52 mm   c) 131 cm   e) 281 dm
b) 168 mm   d) 652 cm   f) 6250 m

7 Schreibe die Längen in Zentimeter.
Beispiel: 85 mm = 8 cm 5 mm = 8,5 cm

a) 26 mm   d) 402 mm   g) 794 mm
b) 50 mm   e) 610 mm   h) 879 mm
c) 124 mm   f) 909 mm   i) 996 mm

8 Gib die Längen in der größten angegebenen Maßeinheit an.
a) 9 km 9 m   g) 4 m 3 cm
b) 25 km 43 m   h) 36 m 6 cm
c) 507 km 111 m   i) 709 m 18 cm
d) 62 m 13 dm   j) 5 dm 16 mm
e) 334 m 7 dm   k) 36 dm 8 mm
f) 419 m 18 dm   l) 416 cm 2 mm

9 Schreibe die Längen in Kilometer.
Beispiel: 705 m = 0 km 705 m = 0,705 km

a) 5 m   d) 9471 m   g) 293 405 m
b) 500 m   e) 10 015 m   h) 897 230 m
c) 2078 m   f) 26 001 m   i) 2 473 800 m

10 Stefans Tacho: Julias Tacho:

Wer ist weiter gefahren?

11 Schreibe in dm (in cm, in mm).
a) 0,09 m   e) 1,02 m   i) 3,12 m
b) 0,50 m   f) 2,16 m   j) 5,71 m
c) 0,75 m   g) 2,50 m   k) 7,20 m
d) 0,78 m   h) 3,05 m   l) 8,10 m

Bist du fit?

1. Übertrage die Tabelle in dein Heft und ergänze die fehlenden Werte.

	m	dm	cm	mm
a)	1,65			
b)		8		
c)			120	
d)				80
e)			15,5	
f)		13,5		
g)	0,55			

2. Zeichne ein Rechteck mit der Länge 5 cm und der Breite 4 cm.

3. Zeichne Quadrate mit den Seitenlängen a) 4 cm, b) 5,5 cm, c) 6 cm.

Konkrete Dezimalbrüche addieren und subtrahieren

Wir addieren und subtrahieren Geldbeträge

Udo hat eingekauft: für 18 € 47 Cent Fleisch, für 95 Cent einen Kopf Salat, für 3,95 € Obst und eine Flasche Milch für 79 Cent zuzüglich 15 Cent Pfand.
Sieh dir den Kassenzettel an. Wie wurde gerechnet? Udo bezahlt mit einem 50-€-Schein. Wie viel € erhält er zurück?
Das ist wichtig: Alle Beträge werden mit derselben Maßeinheit, hier in €, angegeben. Die Beträge werden so untereinander geschrieben, dass Komma unter Komma steht. Nun rechnen wir wie gewohnt. Überschlage vorher.

Addition
```
   18,47 €
 +  0,95 €
 +  3,95 €
 +  0,79 €
 +  0,15 €
   1 3 3
   24,31 €
```
Das ist zu zahlen.

Überschlag:
```
   18,50 €
 +  1,00 €
 +  4,00 €
 +  0,80 €
 +  0,20 €
   24,50 €
```

Subtraktion
```
    4 9 9
   5̶0̶,9̶0 €        oder    50,00 €
 – 24,31 €              – 24,31 €
   25,69 €                1 1 1
                         25,69 €
```
So viel Geld erhält er zurück.

Überschlag:
```
   50 €
 – 24 €
   26 €
```

> Beim Rechnen wandeln wir zuerst alle Größen in dieselbe Maßeinheit um. Beim Ausrechnen müssen wir darauf achten, dass **Komma unter Komma** steht.

Übungen

1 Gib alle Beträge in derselben Maßeinheit an, schreibe untereinander, addiere. Überschlage vorher.
a) 18,06 € + 3 € + 6 Cent + 85 Cent
b) 35 € 70 Cent + 26,80 € + 3 € 31 Cent
c) 2382 Cent + 34,55 € + 50 923 Cent
d) 9,42 € + 16 € 42 Cent + 9 Cent

2 Rechne in dieselbe Maßeinheit um und subtrahiere.
a) 68,72 € – 158 Cent
b) 205 € – 18 € 16 Cent – 795 Cent
c) 143 € 18 Cent – 3997 Cent – 43,18 €

3 Berechne, nachdem du vorher umgewandelt und geordnet hast.
a) 128,17 € + 14 € 28 Cent – 46,75 €
b) 6736 Cent – 28,12 € + 17 € 36 Cent
c) 295 € – 78,25 € – 6395 Cent + 36,07 €
Ergebnisse: 56,60 €; 188,87 €; 95,70 €

4 Übertrage ins Heft und ergänze.

a)

+	7,23 €	8,41 €	9,87 €
2,39 €	9,62 €		
2,78 €			

b)

–	23,92 €	13,00 €	18,45 €
71,02 €			

Wir addieren und subtrahieren Gewichte

Familie Müller packt gerade drei Koffer für ihre Flugreise. Herr Müller weiß, dass jede Person nur 20 kg Gepäck mitnehmen darf. Um zu erfahren, wie viel sie insgesamt noch einpacken dürfen, wiegen sie ihre noch nicht ganz vollen Koffer.

Wir rechnen:

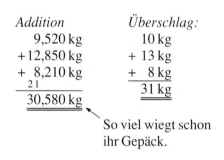

So viel wiegt schon ihr Gepäck.

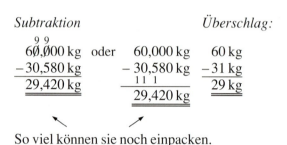

So viel können sie noch einpacken.

> Beim Rechnen wandeln wir zuerst alle Größen in dieselbe Maßeinheit um. Dann müssen wir darauf achten, dass **Komma unter Komma** steht.

Übungen

1 Schreibe untereinander und addiere. Überschlage vorher.
a) 18,050 kg + 14 kg 248 g + 905 g + 1040 g
b) 24 kg 18 g + 47,042 kg + 19,5 kg + 5009 g
c) 47,135 t + 28 t 94 kg + 262 kg + 4713 kg

2 Gib zuerst in derselben Maßeinheit an, schreibe dann untereinander und subtrahiere. Überschlage vorher.
a) 620,852 kg − 35 kg 75 g
b) 518 kg 62 g − 48,625 kg
c) 380,250 t − 76 t 482 kg
Ergebnisse: 469,437; 585,777; 303,768

3 Berechne.
a) 12 kg 2 g + 7034 g − 10 kg 620 g
b) 484 kg 536 g + 95,010 kg − 26 kg 915 g
c) 16,360 t − 3 t 76 kg − 2834 kg
Ergebnisse: 8,416; 10,45; 552,631

4 In ein Päckchen werden gepackt: zwei Tafeln Schokolade zu je 100 g, drei Schokoladenriegel zu je 75 g, eine Rolle Keks zu 375 g, zwei Tüten Bonbons zu je 125 g, eine Packung Pralinen zu 450 g, eine Tüte Fruchtgummi zu 80 g, fünf Dauerlutscher zu je 15 g. Die Verpackung wiegt 282 g. Ein Päckchen darf nicht mehr als zwei Kilogramm wiegen.

5 Übertrage die folgende Tabelle in dein Heft. Berechne die fehlenden Gewichtsangaben für einen Lkw und trage sie dann in die Tabelle ein.

Leergewicht	Gesamtgewicht	Gewicht der Ladung
3300 kg	7,5 t	
3415 kg		2,194 t
	8346 kg	5,123 t
3,718 t		6094 kg

Wir addieren und subtrahieren Längen

In Brigittes Zimmer soll ein Computer angeschlossen werden. Dazu muss ein Kabel vom Wohnzimmer ins Kinderzimmer verlegt werden. Auf einer Rolle sind 20 m Kabel. Reicht das?

Um diese Aufgabe zu lösen, müssen wir Längen in verschiedener Schreibweise addieren und subtrahieren.

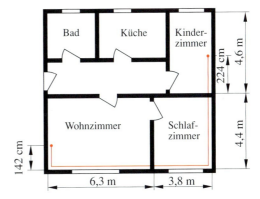

> Beim Rechnen wandeln wir zuerst alle Größen in dieselbe Maßeinheit um. Beim **schriftlichen Addieren** und **Subtrahieren** schreiben wir die Längenangaben so untereinander, dass **Komma unter Komma** steht.

Beispiele

a) Wir addieren 142 cm; 6,3 m; 3,8 m, 4,40 m; 224 cm:

```
      1,42 m         Überschlag:
    + 6,30 m           1,5 m
    + 3,80 m         + 6   m
    + 4,40 m         + 4   m
    + 2,24 m         + 4,5 m
    ─────────        + 2   m
     18,16 m         ─────────
                      18   m
```

Es werden 18,16 m Kabel benötigt.

b) Wir subtrahieren 18,16 m von 20 m.

```
   1 9 9
   2̶0̶,00 m  oder    20,00 m        Überschlag:
  − 18,16 m         − 18,16 m       20 m
  ─────────          1 1            + 18 m
    1,84 m          ─────────       ─────────
                     1,84 m          2 m
```

Es bleiben 1,84 m Kabel übrig.

Übungen

1 Wandle in dieselbe Maßeinheit um und berechne.

Beispiel:
$$2{,}30\text{ m} + 320\text{ cm}$$
$$= 230\text{ cm} + 320\text{ cm} = 550\text{ cm} = 5{,}50\text{ m}$$
oder $2{,}30\text{ m} + 320\text{ cm}$
$$= 2{,}30\text{ m} + 3{,}20\text{ m} = 5{,}50\text{ m} = 550\text{ cm}$$

a) 2,82 m + 3,50 m   e) 2,400 km − 400 m
b) 748 cm − 6,39 m   f) 550 mm + 63 cm
c) 4250 cm + 50 m   g) 13,5 cm + 73 mm
d) 160 cm − 8,5 dm   h) 1,700 km + 2800 m

2 Wandle in dieselbe Maßeinheit um, schreibe untereinander und addiere.
a) 19,03 m + 45 cm + 342 cm + 580 mm
b) 34 m 70 cm + 26,80 m + 635 cm + 18 dm
c) 87,36 m + 4 m 42 cm + 301 dm + 900 mm
d) 5,632 km + 36 m + 2 km 7 m + 18 395 m

3 Subtrahiere.   *Ergebnisse:*
a) 72,84 m − 6 m 8 cm   *39,04 m*
b) 41,02 m − 198 cm   *66,76 m*
c) 93,15 m − 26 dm 7 cm   *90,48 m*
d) 24,150 km − 1009 m   *35,0579 km*
e) 35,380 km − 320 m 21 dm   *23,141 km*

4 Berechne.
a) 400 m − 36,5 m − 298 cm
b) 40 915 cm − 2,43 m − 48,24 m
c) 228 670 m − 3,05 km − 6 km 178 m
d) 450 km − 225,117 km − 14 304 m
Ergebnisse: 358,48 m; 360,52 m; 210,579 km; 219,442 km

5 Übertrage in dein Heft und fülle aus.

+	18,03 m	19 m 8 cm	572 cm
36 m 15 cm		55,23 m	
128,7 m			
95,68 m			

6 Übertrage in dein Heft und berechne.

−	116,38 m	85 m 80 cm	56,09 m
205,70 m			
500 m		414,20 m	
460 m 35 mm			

7 Bei einem Radrennen waren unterschiedliche Strecken zu fahren.
a) Wie viele Kilometer legten die Radrennfahrer auf der Rundfahrt insgesamt zurück?
b) Die Junioren fahren von Passau, Regensburg, Nürnberg und Kulmbach nach Weiden. Berechne ihre zurückgelegte Strecke.

c) Die Senioren starten in Regensburg Richtung Nürnberg und radeln bis Passau.

8 Von einer Rolle Teppichboden wurden folgende Stücke verkauft:
3,20 m; 90 cm; 12 dm; 12,30 m und 6,70 m.
a) Wie viel Meter Teppichboden wurden verkauft?
b) Die Teppichrolle ist 40 m lang. Wie viel Meter Teppichboden sind noch auf der Rolle?

9 a) Annes Zimmer erhält neue Fußbodenleisten, die rundherum angebracht werden. Für die Fensternische sind 30 cm hinzuzurechnen, für die Türöffnung sind 0,8 m abzuziehen.
Wie viel Meter Fußbodenleisten werden insgesamt benötigt?

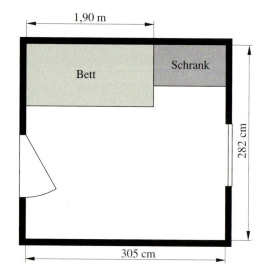

b) An einer Längswand des Zimmers wird ein 1,90 m langes Bett aufgestellt. Wie lang darf ein daneben zu stellender Schrank höchstens sein?

10 In den Ferien macht Michael mit seinem Freund Andreas eine Radtour. Bei Fahrtbeginn steht auf seinem Kilometerzähler: 3132,4 km. Michael notiert an den einzelnen Tagen die Kilometerstände:

1. Tag: 3161,1 km;   5. Tag: 3272,1 km;
2. Tag: 3185,6 km;   6. Tag: 3298,4 km;
3. Tag: 3218,4 km;   7. Tag: 3333,7 km.
4. Tag: 3233,6 km;

a) Wie viel Kilometer legten die beiden Freunde täglich mit dem Fahrrad zurück?
b) Wie viel Kilometer fuhren sie insgesamt?

Wiederholen und sichern

1 Überschlage und berechne.
a) 7,23 € + 16,78 €
b) 48,50 € − 16,85 €
c) 23,92 € + 76,84 €
d) 120,95 € − 94,87 €
e) 86,88 € + 133,15 €
f) 210,73 € − 25,13 €

2 Übertrage die Tabelle ins Heft und addiere.

	+	1,15 €	0,89 €	2,17 €	3,99 €
a)	2,39 €				
b)	8,49 €				
c)	7,29 €				
d)	5,99 €				

3 Andreas hat eingekauft. Die Waren kosten 16,38 €; 3,60 €; 2,02 €; 4,01 € und 0,66 €. Die Kassiererin tippt die Beträge in die Kasse. Auf dem Kassenzettel steht als Summe 226,65 €. Stimmt das? Welcher Fehler könnte entstanden sein?

4

5 Tanja überprüft ihr Sparbuch. Sie hatte einen Betrag von 165,70 € gespart, zahlte dann 22,40 € ein, erhielt 3,20 € Zinsen und hob 40 € ab. Wie viel Geld hat sie jetzt auf ihrem Sparbuch?

6 Zeichne eine Gerade und trage vom Punkt A an nacheinander ab: 2,4 cm; 1,2 cm; 3,4 cm und 17 mm. Miss die Gesamtlänge und vergleiche mit deiner Rechnung.

7 Übertrage die Tabelle ins Heft und addiere.

	+	0,25 m	0,75 m	2,10 m	1,99 m
a)	$\frac{1}{2}$ m				
b)	$\frac{1}{4}$ m				

8 Schreibe in der angegebenen Einheit.
Beispiel: (m) 5,023 km = 5023 m
a) (m) 3,608 km; 15,06 km; 5,4 km
b) (cm) 0,75 m; 8,35 m; 35,9 m; 460,7 m
c) (mm) 8,4 cm; 24,3 cm; 8,02 dm; 5,6 dm
d) (cm) 0,93 m; 2,74 m; 18,2 m; 25,3 dm
e) (m) 2,437 km; 6,03 km; 1,5 km; 0,74 km

9

Kantsteine 0,80 m — 6,- €
Kantsteine 1,20 m — 8,- €

Es soll eine Wegekante von 7 m Länge verlegt werden. Im Gartencenter werden Kantensteine mit folgenden Längen angeboten: 1,20 m und 0,80 m.

10 Rechne um.
a) 3,025 kg in g
b) 0,750 kg in g
c) 12,010 kg in g
d) 4098 g in kg
e) 10 250 g in kg
f) 75 g in kg

11 Eine Maschine wiegt mit Verpackung 362,700 kg. Die Verpackung hat ein Gewicht von 39,900 kg. Wie schwer ist die Maschine?

12 Auch Zeitspannen werden manchmal als Dezimalbruch angegeben, aber aufgepasst:
1 Stunde = 60 Minuten
Beispiel: 30 Minuten = $\frac{1}{2}$ h = $\frac{5}{10}$ h = 0,5 h
a) Gib die Zeitspannen als Dezimalbrüche an:
$\frac{1}{4}$ h; $\frac{3}{4}$ h; $1\frac{1}{2}$ h; $2\frac{1}{4}$ h
b) Wandle die Minuten in Stunden um und schreibe als Dezimalbruch: 30 Minuten, 45 Minuten; 15 Minuten; 60 Minuten; 75 Minuten; 90 Minuten
c) Wie viele Minuten sind es jeweils?
1,5 h; $1\frac{1}{4}$ h; 1,75 h; 2,25 h; 2,5 h

13 Wandle um.
a) 1,5 km = ☐ m
b) 0,25 kg = ☐ g
c) 12,50 € = ☐ Ct
d) 0,75 m = ☐ cm
e) 1,5 kg = ☐ g
f) 500 g = ☐ kg
g) 1250 g = ☐ kg
h) 156 cm = ☐ m
i) 1,25 h ☐ min
j) $\frac{3}{4}$ h = ☐ min

Mathe-Meisterschaft

1. Du siehst hier den Bruchteil eines Streifens. Wie groß war der ganze Streifen, wenn der gezeichnete Teil
   a) $\frac{1}{4}$ davon ist, ☐   b) $\frac{3}{4}$ davon ist? ☐   *(2 Punkte)*

2. Eine Jugendgruppe radelt von Aschaffenburg bis Pappenheim, um auf der Altmühl mit großen Kanadierbooten bis Kipfenberg zu paddeln.
   a) Die Gesamtlänge der Radtour beträgt 300 km. Am zweiten Abend wird nach insgesamt 120 km Fahrstrecke gezeltet. Welcher Bruchteil der Strecke liegt noch vor den Jugendlichen? *(2 Punkte)*
   b) Die Paddelstrecke führt über 60 Flusskilometer. In 3 Stunden wurde $\frac{1}{4}$ dieser Strecke zurückgelegt. Was kannst du rechnen? *(3 Punkte)*

3. Löse mit Hilfe einer Zeichnung.
   a) $\frac{2}{5}$ t + $\frac{4}{5}$ t   b) $\frac{7}{8}$ km − $\frac{5}{8}$ km   *(2 Punkte)*

4. Schreibe die Längen in Meter (mit Komma).
   a) 75 cm   b) 132 cm   c) 460 cm   d) 406 cm   (je $\frac{1}{2}$ Punkt)   *(2 Punkte)*

5. Tanja war beim Einkaufen und überprüft den beschädigten Kassenzettel.
   a) Wie viel musste sie bezahlen? *(2 Punkte)*
   b) Sie hat mit einem 20-€-Schein bezahlt. Wie viel Geld hat sie zurückbekommen? *(2 Punkte)*

   Supermarkt
   2,99 €
   2,59 €
   7,99 €
   1,29 €

6. Gib in Kilogramm (mit Komma) an.
   a) 125 g   b) 500 g   c) 2956 g   d) 5250 g   (je $\frac{1}{2}$ Punkt)   *(2 Punkte)*

7. Eine Rolle Teppichboden ist 40 m lang. Es wurden folgende Stücke verkauft: 4,50 m; 6,75 m; 15 dm
   a) Wie viel Meter Teppichboden wurden verkauft? *(1 Punkt)*
   b) Wie viel Meter Teppichboden sind noch auf der Rolle? *(1 Punkt)*

8. Schreibe in € mit Komma.
   a) 12 Cent   c) 3 € 84 Cent   e) 12 € 8 Cent
   b) 489 Cent   d) 9 € 18 Cent   f) 399 € 80 Cent   (je $\frac{1}{2}$ Punkt)   *(3 Punkte)*

9. Berechne. a) $\frac{2}{3}$ von 18 cm   b) $\frac{4}{7}$ von 28 €   *(2 Punkte)*

SILBER 19–15 Punkte
GOLD 24–20 Punkte
BRONZE 14–10 Punkte

Urkunde Mathe-Meisterschaft

Geometrie II

Längen; Umfang und Flächeninhalt von Rechteck und Quadrat

Wie lang ist dein Bleistift? *Wie lang* ist euer Klassenzimmer? *Wie lang* ist euer Auto? *Wie lang* ist die Wasserrutsche im Freibad?

Diese Fragen beantworten wir mit Längenangaben.

Wie groß bist du? *Wie breit* ist das Garagentor? *Wie hoch* ist der Turm der Stiftskirche? *Wie tief* ist das Sprungbecken im Freibad? *Wie tief* ist der Monitor deines Computers? *Wie weit* ist es von Regensburg bis Memmingen? *Welchen Durchmesser* hat eine CD?

Auch diese Fragen beantworten wir mit Längenangaben, obwohl sie nicht mit „wie lang" beginnen. Für zuverlässige *Längenangaben* verwenden wir geeignete *Maßeinheiten*.

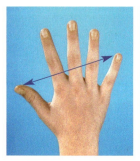   

Frühere Maßeinheiten waren **Spanne**, **Fuß**, **Elle**, **Schritt**. Diese Maßeinheiten waren vorteilhaft, weil man jederzeit mit Hand, Fuß, Arm und Beinen Längen messen konnte.

Welche Nachteile hatte dieses Messen?

Heute verwendet man zum Messen von Längen die Maßeinheit **1 Meter (m)** und die davon abgeleiteten Maßeinheiten **1 Millimeter (mm)**, **1 Zentimeter (cm)**, **1 Dezimeter (dm)** und **1 Kilometer (km)**.

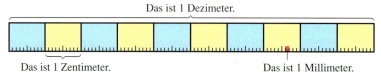

Das ist 1 Dezimeter.
Das ist 1 Zentimeter.
Das ist 1 Millimeter.

> **!** Das **Meter** wurde am 7. 4. 1795 von der französischen Nationalversammlung festgelegt, setzte sich aber erst ab 1840 durch.
> Ein verbindliches Muster des **Urmeters**, wurde am 26. 9. 1889 festgelegt, eine Stange aus Platin. Es sollte der vierzigmillionste Teil eines Erdmeridians (Längenkreis der Erde) sein.
> Das **Urmeter** ist ein Stab mit x-förmigem Querschnitt aus einer Legierung (Zusammenschmelze) von 90 Anteilen Platin und 10 Anteilen Iridium (edle Metalle). Seit 1960 wird das Meter mit physikalischen Mitteln festgelegt. Heute wird das Meter als die Strecke bezeichnet, die das Licht in luftleerem Raum in einem sehr kleinen Bruchteil einer Sekunde zurücklegt.

Längen; Umfang und Flächeninhalt von Rechteck und Quadrat

Wir schätzen und messen Längen

Natürliche Längenmaße

Auf einem Sportplatz spielen zwei Mannschaften Fußball. Eine Mannschaft bekommt einen Elfmeter-Strafstoß. Da keine Punktmarkierung vorhanden ist, wählt jede Mannschaft einen Spieler, der mit Schritten die „Elfmeter-Strecke" bestimmt. Danach einigt man sich auf den „Elfmeter-Punkt".

Vereinbarte Längenmaße

In Fußballstadien werden die „Elfmeter-Punkte" einheitlich markiert. Der Platzwart nutzt dazu ein Maßband. Dieses Maßband besitzt eine Längeneinteilung, wie sie international festgelegt wurde. Damit misst er sehr genau die elf Meter von der Torlinie, um den „Elfmeter-Punkt" zu markieren.

Wenn man eine Länge genau angeben will, muss man messen. Als Hilfsmittel benutzen wir dazu meist das Lineal. Längere Strecken messen wir mit einem Maßband, Meterstab oder Messrad.

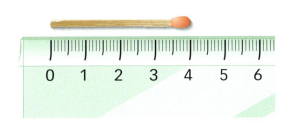

Das Streichholz ist 4 cm lang.

Beim Messen der Länge des Streichholzes stellen wir fest, dass die *Maßeinheit* 1 Zentimeter in der Streichholzlänge viermal enthalten ist. Das ist die *Maßzahl*. Die *Benennung* gibt an, dass in der Maßeinheit cm gemessen wurde.

Übungen

1 a) Messt die Längen an verschiedenen Gegenständen und Entfernungen im Klassenzimmer mit natürlichen Längenmaßen wie Spanne, Fuß, Elle oder Schritt. Einigt euch auf geeignete Maßeinheiten und vergleicht eure Ergebnisse.
b) Verwendet die bekannten Längenmaße Meter oder Zentimeter. Schätzt nach Augenmaß verschiedene Längen im Klassenzimmer. Messt mit dem Lineal oder einem Metermaß nach. Wer von euch hat das beste Augenmaß?

2 a) Messen in Schritten:
Wie viele Schritte ist der Schulhof oder ein anderer geeigneter Platz lang, wie viele Schritte ist er breit?
Vergleicht eure Messergebnisse.
b) Wie viel Meter ist der Schulhof oder ein anderer geeigneter Platz lang, wie viel Meter ist er breit? Vergleicht eure Ergebnisse.
c) Schätzt im Freien nach Augenmaß verschiedene Entfernungen zu Gegenständen bis etwa 60 Meter. Messt die Entfernungen mit einem Maßband nach.
Wer hat das beste Augenmaß?

Wir können Längen verschieden aufschreiben

Stellenwerttafeln helfen Maßangaben in andere Maßeinheiten umzurechnen.

Um größere Längen anzugeben verwenden wir die Maßeinheiten m und km.

21 km = 21 000 m
3200 m = 3 km 200 m
3 km 450 m = 3,450 km

Kilometer			Meter		
H	Z	E	H	Z	E
		2	1	0	0	0
			3	2	0	0
			3	4	5	0

Für die Angabe kleinerer Längen verwenden wir die Maßeinheiten m – dm – cm – mm.

$\qquad$ 2 dm
2 dm = $\frac{2}{10}$ m = 0,2 m
2 dm = 20 cm
2 dm = 200 mm

Meter			dm	cm	mm
H	Z	E			
			2		
		0,	2		
			2	0	
			2	0	0

> Umwandlungszahl für Längen: 10
>
> 1 km = 1000 m
> 1 m = 10 dm = 100 cm = 1000 mm
> 1 dm = 10 cm = 100 mm
> 1 cm = 10 mm

Übungen

1 Zeichne eine Tabelle und rechne in die in Klammern angegebene Einheit um.
a) 25 m (cm) d) 46 cm (mm)
b) 405 cm (mm) e) 17 dm (mm)
c) 11 dm (cm) f) 9 km (m)

2 Rechne um in cm.

Beispiel:

11 m 2 cm = 1100 cm + 2 cm = 1102 cm
a) 7 dm 6 cm e) 1 m 6 cm
b) 11 m 8 dm 4 cm f) 46 dm 2 cm
c) 2 m 9 cm g) 9 dm 4 cm
d) 12 dm 12 cm h) 10 m 19 dm

3 Zeichne eine Tabelle und rechne in die in Klammern angegebene Einheit um.
a) 250 mm (dm) d) 2300 mm (dm)
b) 8400 mm (cm) e) 17 000 m (km)
c) 24 000 m (km) f) 680 dm (m)

4 Rechne um.

Beispiel: 64 cm = 6 dm 4 cm = 6,4 dm
a) 443 mm d) 89 mm
b) 278 cm e) 99 cm
c) 68 cm f) 11 dm

5 Rechne in Bruchteile eines Kilometers um.
500 m; 250 m; 750 m; 100 m

6 Übertrage die Tabelle in dein Heft und ergänze sie.

m	dm	cm	mm
	8		
		0,3	
0,5			
			60
	12		
1,5			
			9

Längen; Umfang und Flächeninhalt von Rechteck und Quadrat

7 Längenvergleiche:
1 mm: Dicke einer 1-Cent-Münze
1 cm: Breite eines Fingernagels
1 dm: eine Handbreite
1 m: Breite eines Tafelflügels
10 m: Höhe des Sprungturms im Schwimmbad
50 m: Länge des Schwimmbeckens
100 m: Sprintstrecke

a) Nenne weitere Gegenstände, die man in mm, cm, … misst.
b) Schätze die Längen und miss sie nach: Höhe deines Arbeitstisches, Länge der Turnhalle, Länge und Breite einer Heftseite, Dicke einer 2-Euro-Münze.

8 Schätze und miss.
a) Länge und Breite deines Klassenzimmers
b) Längen im Schulhof
c) Längen am Sportplatz

9 Schreibe die Längenangaben fortlaufend in kleineren Maßeinheiten.

Beispiel: 2,8 m = 28 dm = 280 cm = 2800 mm

a) 15 m   d) 18,5 m   g) 5,5 cm
b) 34 cm   e) 270 cm   h) 0,3 m
c) 62 dm   f) 7,7 dm   i) 0,35 m

10 Zeichne eine Stellenwerttafel und trage die folgenden Längenangaben ein.

Beispiel: 736 cm

Meter			dm	cm	mm
H	Z	E			
		7	3	6	0

a) 12 cm   d) 732 cm   g) 2021 cm
b) 15 cm   e) 900 cm   h) 5302 cm
c) 120 cm   f) 1270 cm   i) 40 400 cm

11 Schreibe wie im Beipiel.

Beispiel: 65 dm = 6 m 5 dm
                  = 6,5 m

a) 91 dm; 26 dm; 44 dm
b) 804 cm; 2043 cm; 573 cm
c) 60 mm; 480 mm; 3648 mm
d) 103 dm; 88 dm; 212 dm

12 Gib die Längen in der kleinsten angegebenen Maßeinheit an.

a) 9 km 9 m   g) 4 m 3 cm
b) 25 km 43 m   h) 36 m 6 cm
c) 507 km 111 m   i) 709 m 18 cm
d) 62 m 13 dm   j) 5 dm 16 mm
e) 334 m 7 dm   k) 36 dm 8 mm
f) 419 m 18 dm   l) 416 cm 2 mm

13 Übertrage die Tabelle in dein Heft und fülle sie aus.

106 cm	m	cm
m	4 m	8 dm
43 mm	cm	mm
km	14 km	6 m
24 dm		m
dm	6 dm	4 mm
km	23 km	12 m
99 mm	cm	mm
847 cm	m	cm

! Früher gab es andere Längenmaße, die von Ort zu Ort und von Zeit zu Zeit verschieden lang sein konnten.

Für das Längenmaß „Zoll" gab es in Deutschland über 100 verschiedene Festlegungen, die zwischen 24 und 34 mm lagen.

In Bayern lag ein „Zoll" bei 24,33 mm, ein „Fuß" hatte 12 „Zoll" oder 144 „Linien". Eine „Elle" war 83,30 cm lang und von der Länge des Unterarms abgeleitet.

Ein „Klafter" stellte die Strecke von Fingerspitze zu Fingerspitze (der Mittelfinger) bei ausgestreckten Armen dar.
Dies waren 1,75 m oder 6 Fuß.

Klafter

Wir berechnen den Umfang von Rechteck und Quadrat

Anwohner einer Spielstraße haben für die Kinder ein Badminton-Spielfeld eingerichtet. Die Aufschlagslinie und die Seitenlinien werden mit Kunststoffband markiert. Wie viel Meter sind dafür nötig?

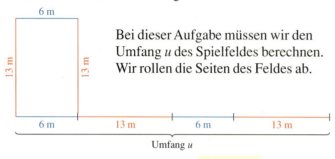

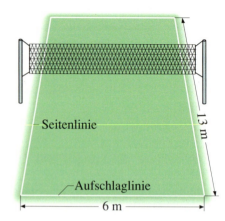

Bei dieser Aufgabe müssen wir den Umfang u des Spielfeldes berechnen. Wir rollen die Seiten des Feldes ab.

$u = 6\,\text{m} + 13\,\text{m} + 6\,\text{m} + 13\,\text{m}$ $u = 38\,\text{m}$

Umfang eines Rechtecks: Länge $a = 13$ m, Breite $b = 6$ m.

Für den Umfang eines Rechtecks mit den Seiten a und b gilt also:

$u = a + b + a + b$ kürzer: $u = 2 \cdot a + 2 \cdot b$ oder $u = 2 \cdot (a + b)$.

Wir berechnen den *Umfang eines Quadrats* mit 16 mm Seitenlänge.

Beim Quadrat sind alle Seiten gleich lang. Das können wir kürzer schreiben:

$u = 16\,\text{mm} + 16\,\text{mm} + 16\,\text{mm} + 16\,\text{mm}$
$u = 4 \cdot 16\,\text{mm}$
$u = 64\,\text{mm}$

Für den Umfang eines Quadrats mit der Seitenlänge a gilt also:
$u = a + a + a + a$ kürzer: $u = 4 \cdot a$

Der Umfang u ist die Summe aller Seitenlängen der geometrischen Figur.

Für das Rechteck gilt:
Umfang = 2 · Länge + 2 · Breite
$u = 2 \cdot a + 2 \cdot b$

Für das Quadrat gilt:
Umfang = 4 · Länge
$u = 4 \cdot a$

Beispiel

a) Ein Rechteck ist 39 mm lang und 16 mm breit. Berechne den Umfang.

Gegeben: $a = 39$ mm; $b = 16$ mm

Gesucht: Umfang u

Rechnung: $u = 2 \cdot a + 2 \cdot b$
$u = 2 \cdot 39\,\text{mm} + 2 \cdot 16\,\text{mm}$
$u = 78\,\text{mm} + 32\,\text{mm}$
$u = 110\,\text{mm}$

b) Ein Quadrat hat die Seitenlänge 19 mm. Welchen Umfang hat das Quadrat?

Gegeben: $a = 19$ mm

Gesucht: Umfang u

Rechnung: $u = 4 \cdot a$
$u = 4 \cdot 19\,\text{mm}$
$u = 76\,\text{mm}$

Übungen

1 Messt den Umfang
a) der Tischplatte eurer Schultische,
b) eures Mathematikbuches,
c) der Klassenzimmertür,
d) eures Klassenzimmers.

2 Zeichne die Rechtecke und trage die Strecken wie im Beispiel nebeneinander an. Kennzeichne gleich lange Strecken mit derselben Farbe. Wie groß ist der Umfang?

Beispiel:

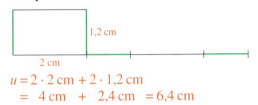

$u = 2 \cdot 2$ cm $+ 2 \cdot 1{,}2$ cm
$ = 4$ cm $+ 2{,}4$ cm $= 6{,}4$ cm

a) Länge 4 cm;   Breite 2,5 cm
b) Länge 3,5 cm; Breite 4,2 cm
c) Länge 3,8 cm; Breite 3,8 cm

3 Zeichne Rechtecke und berechne ihren Umfang.
a) Länge 5 cm;   Breite 2 cm
b) Länge 37 mm; Breite 46 mm
c) Länge 5,3 cm; Breite 3,9 cm
d) Länge 1,3 cm; Breite 0,8 cm

4 Zeichne Quadrate und berechne ihren Umfang.
a) Seitenlänge 33 mm
b) Seitenlänge 49 mm
c) Seitenlänge 2,1 cm
d) Seitenlänge 5,5 cm

5 Zeichne die vier Rechtecke und vergleiche ihren Umfang.
a) Länge 2,5 cm; Breite 6 cm
b) Länge 1,2 cm; Breite 7,3 cm
c) Länge 3,9 cm; Breite 4,6 cm
d) Länge 5 cm;   Breite 3,5 cm

6 Förster Bichel muss eine neu angelegte Fichtenschonung von 95 m Breite und 140 m Länge durch Umzäunung schützen. Wie lang wird der Zaun?

7 Um eine rechteckige Rasenfläche (32 m breit, 78 m lang) verläuft eine Rasenkante aus Plastik. Gib die Gesamtlänge der Kanten an.

8 Berechne die fehlenden Größen.

u	a	b
	6 m	3 m
20 cm	8 cm	
30 dm		4 dm
16 cm	4 cm	

9 Bauer Winter baut einen umzäunten Hühnerauslauf, der 4,5 m lang und 3,6 m breit ist. Zeichne den Hühnerauslauf verkleinert. Wähle einen geeigneten Maßstab.
a) Wie viel Meter Maschendraht muss Bauer Winter kaufen, wenn er den Hühnerauslauf freistehend im Garten baut?
b) Wie viel Meter Maschendraht muss er kaufen, wenn eine längere Seite des Hühnerauslaufs an eine Stallwand grenzt?

10 Ein Zimmer soll Fußleisten erhalten. Das Zimmer ist 4,80 m lang und 3,90 m breit. Die beiden Türen des Zimmers sind zusammen 2,12 m breit. Wie viel Meter Fußleisten werden benötigt?

11 Ein Rechteck, dessen Seitenlängen ganze Zentimeter sind und dessen Umfang 16 cm beträgt, kann folgende Abmessungen haben:

Umfang	Seite a	Seite b
16 cm	1 cm	7 cm
16 cm	2 cm	6 cm
16 cm	3 cm	5 cm
16 cm	4 cm	4 cm

a) Trage die verschiedenen Möglichkeiten, die es bei einem Umfang von 18 cm gibt, in eine Tabelle ein.
b) Fertige solche Tabellen auch für 20 cm und für 22 cm Umfang.
c) In welchen Fällen sind Quadrate dabei?

Wir messen Flächeninhalte

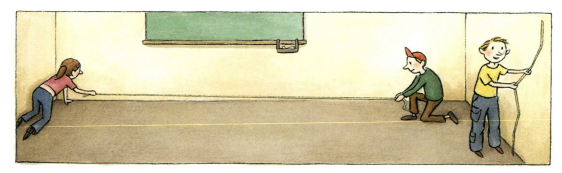

Die Schüler der beiden fünften Klassen haben ihre Klassenzimmer abgemessen, um den Umfang zu berechnen. Das Zimmer der Klasse 5 a ist 9 m lang und 7 m breit. Das Zimmer der Klasse 5 b ist zwar einen Meter kürzer, dafür einen Meter breiter. In der Pause unterhalten sich Schüler beider Klassen und nehmen an, dass die beiden Räume gleich groß sind.

Die Klassenlehrkräfte haben die beiden Zimmer verkleinert auf farbiges Papier zeichnen und ausschneiden lassen. Als die Kinder die Flächen vergleichen, kommen sie zu einem überraschenden Ergebnis. Beschreibe, wie sie vorgegangen sind und was sie entdeckt haben.

Findest du noch eine Möglichkeit, Flächen miteinander zu vergleichen?

Längen; Umfang und Flächeninhalt von Rechteck und Quadrat

Will man die Größe **mehrerer** Flächen vergleichen, so kann man sie zerschneiden und die Teilflächen anders zusammenlegen. Die Frage lautet: Welche Fläche ist größer?
Um den Inhalt **einer** Fläche zu messen, vergleichen wir diese mit Maßflächen. Die Frage lautet: Wie groß ist der Flächeninhalt?

Als Maßfläche verwendet man normalerweise die folgenden Einheitsquadrate mit einem festgelegten Flächeninhalt. Mit diesen Einheitsquadraten versucht man die Fläche auszulegen.

Einheitsquadrat	Seitenlänge	Flächeninhalt
Meterquadrat	1 m	1 Quadratmeter (1 m^2)
Dezimeterquadrat	1 dm	1 Quadratdezimeter (1 dm^2)
Zentimeterquadrat	1 cm	1 Quadratzentimeter (1 cm^2)
Millimeterquadrat	1 mm	1 Quadratmillimeter (1 mm^2)

Hier sind ein Millimeterquadrat, ein Zentimeterquadrat und ein Dezimeterquadrat gezeichnet.

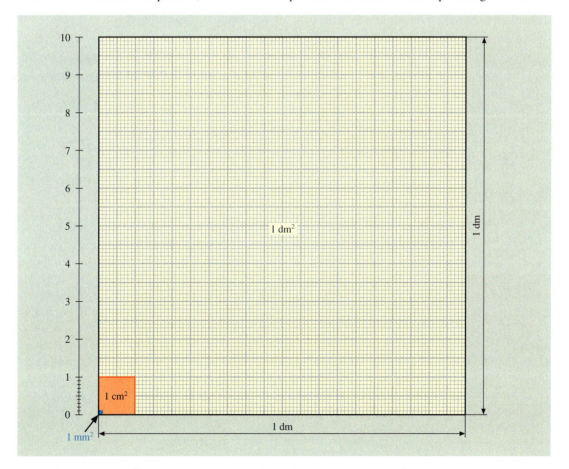

1 Quadratmeter (1 m^2) ist so groß wie eine Klappfläche der meisten Wandtafeln.

Übungen

1 Schätze den Flächeninhalt deines Arbeitstisches, einer Buchseite, einer Ansichtskarte, einer Briefmarke. Wählst du dazu Dezimeter-, Zentimeter- oder Millimeterquadrate?

2 Wie viele Millimeterquadrate beträgt die Fläche einer 1-Euro-Münze?
Ist sie größer als drei Zentimeterquadrate, größer als vier Zentimeterquadrate?

 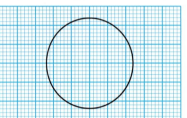

3 Wie viele Millimeter- bzw. Zentimeterquadrate enthalten die einzelnen Flächen?

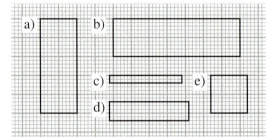

4 Welche Fläche ist größer, A oder B?

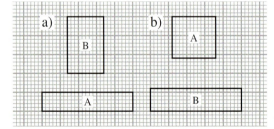

5 Schneide 20 Rechtecke von 4 cm Länge und 2 cm Breite aus.
Zeichne anschließend drei Rechtecke und lege sie auf unterschiedliche Weise mit den ausgeschnittenen Rechtecken aus.
a) Die Seiten sind 6 cm und 8 cm lang.
b) Die Seiten sind 4 cm und 10 cm lang.
c) Die Seiten sind 6 cm und 12 cm lang.

6 Zeichne Rechtecke mit den gegebenen Maßen und unterteile sie in Zentimeterquadrate.
a) Länge 4 cm, Breite 3 cm
b) Länge 5 cm, Breite 2 cm
c) Länge 7 cm, Breite 6 cm
d) Länge 6 cm, Breite 4 cm
e) Länge 8 cm, Breite 3 cm
Wie viele Zentimeterquadrate entstehen?

7 Schneide Quadrate mit der Seitenlänge 1 cm aus.

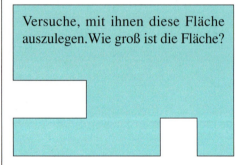

Versuche, mit ihnen diese Fläche auszulegen. Wie groß ist die Fläche?

8 Zeichne auf Rechenkästchenpapier verschiedene Flächen. Sie sollen alle 19 Rechenkästchen enthalten.

9 Schneide zwölf Zentimeterquadrate aus. Lege alle zwölf Quadrate auf verschiedene Arten zu einer Figur zusammen. Welchen Flächeninhalt hat jede der so entstandenen Figuren?

10 Zeichne vier gleich große Flächen mit je 12 cm². Die vier Flächen sollen aber nicht dieselbe Form haben.

11 Zeichne Rechtecke, die 18 Zentimeterquadrate groß sind und deren Seitenlängen ganze Zentimeter betragen. Es gibt drei Möglichkeiten.
Berechne den Umfang der Rechtecke und vergleiche.

12 Zeichne Rechtecke, deren Seitenlängen ganze Zentimeter sind und deren Umfang 12 cm misst. Unterteile sie in Zentimeterquadrate und vergleiche ihren Flächeninhalt. Wieder gibt es drei Möglichkeiten.

Längen; Umfang und Flächeninhalt von Rechteck und Quadrat

Wir geben Flächeninhalte in verschiedenen Maßeinheiten an

Michael hat ein Dezimeterquadrat in Zentimeterquadrate unterteilt und errechnet, dass es 100 Zentimeterquadrate enthält.

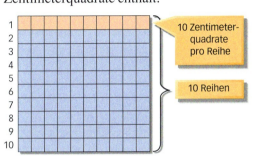

10 Zentimeterquadrate pro Reihe

10 Reihen

10 Reihen sind 10 · 10 Zentimeterquadrate.

Michael überlegt weiter: 1 m² = 100 dm²; 1 cm² = 100 mm².
Bei Flächeninhalten tritt immer die **Umwandlungszahl** 100 auf.

Umwandlungszahl für Flächeninhalte:
1 m² = 100 dm²
1 dm² = 100 cm² = 10 000 mm²
1 cm² = 100 mm²

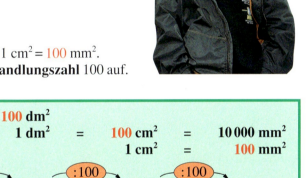

	m²	dm²	cm²	mm²	
1 mm² = $\frac{1}{100}$ cm² = 0,01 cm²				0, 0	1	1 mm²
1 cm² = 0,01 dm²			0, 0	1	0 0	1 cm² = 100 mm²
1 dm² = 0,01 m²		0, 0	1	0 0		1 dm² = 100 cm²
1 m²	1	0 0				1 m² = 100 dm²

Übungen

1 Gib in der nächstkleineren Maßeinheit an.
a) 15 cm²   d) 4,2 cm²   g) 6,08 cm²
b) 3 dm²   e) 16,8 dm² h) 2,01 dm²
c) 7 m²   f) 0,6 m²   i) 0,09 m²

2 Gib in der nächstgrößeren Maßeinheit an.
a) 4 mm²   d) 9 mm²   g) 308 mm²
b) 8 cm²   e) 38 cm²   h) 555 cm²
c) 7 dm²   f) 52 dm²   i) 320 dm²

3 Setze die Reihen fort. Wechsle die Maßeinheit beim Übertrag zur nächstgrößeren.

Beispiel:
89 mm², 93 mm², 97 mm², 1 cm² 1 mm²

a) 75 cm², 81 cm², 87 cm², …
b) 15 dm², 30 dm², 45 dm², …
c) 69 mm², 79 mm², 89 mm², …
d) 2 cm², 4 cm², 8 cm², 16 cm², 32 cm², …
e) 21 dm², 42 dm², 63 dm², …
f) 80 mm², 85 mm², 90 mm², …

Übungen

4 Setze die Reihen fort.
a) $1\,m^2 = 100\,dm^2$ c) $1\,cm^2 = 0{,}01\,dm^2$
    $2\,m^2 = 200\,dm^2$ $2\,cm^2 = 0{,}02\,dm^2$
    ⋮   ⋮
    $12\,m^2 = …$ $12\,cm^2 = …$

b) $100\,mm^2 = 1\,cm^2$ d) $0{,}10\,m^2 = 10\,dm^2$
    $200\,mm^2 = 2\,cm^2$ $0{,}20\,m^2 = 20\,dm^2$
    ⋮   ⋮
    $1200\,mm^2 = …$ $1{,}20\,m^2 = …$

5 Wandle in einheitliche Maßeinheiten um und rechne.

Beispiel: $6{,}32\,dm^2 + 25\,cm^2$
$632\,cm^2 + 25\,cm^2 = 657\,cm^2$

a) $25\,mm^2 + 30\,cm^2$ g) $20\,m^2 - 50\,dm^2$
b) $18\,dm^2 + 9\,cm^2$ h) $76\,dm^2 - 76\,cm^2$
c) $300\,m^2 + 300\,dm^2$ i) $55\,cm^2 - 9\,mm^2$
d) $67\,dm^2 + 4\,m^2$ j) $3{,}6\,m^2 - 60\,dm^2$
e) $38\,cm^2 + 3\,dm^2$ k) $7{,}02\,dm^2 - 72\,cm^2$
f) $298\,m^2 + 43\,dm^2$ l) $0{,}38\,cm^2 - 37\,mm^2$

6 Zeichne auf dem Schulhof ein Quadrat von 10 m Seitenlänge und unterteile es in m².

7 Ordne der Größe nach.
a) $100\,cm^2$, $1\,cm^2$, $10\,dm^2$
b) $5\,m^2$, $600\,dm^2$, $10\,000\,cm^2$
c) $1340\,cm^2$, $1520\,dm^2$, $15\,m^2$
d) $220\,000\,m^2$, $2\,m^2$, $22\,dm^2$
e) $260\,mm^2$, $26\,cm^2$, $260\,dm^2$
f) $4800\,cm^2$, $4{,}8\,m^2$, $0{,}48\,dm^2$

8 Übertrage und setze das richtige Zeichen (<; =; >) ein.
a) $4\,cm^2 \;\square\; 0{,}4\,dm^2$ e) $297\,m^2 \;\square\; 2970\,m^2$
b) $9\,dm^2 \;\square\; 900\,cm^2$ f) $32\,mm^2 \;\square\; 3{,}2\,cm^2$
c) $17\,mm^2 \;\square\; 0{,}17\,cm^2$ g) $30\,m^2 \;\square\; 3000\,dm^2$
d) $30\,cm^2 \;\square\; 0{,}3\,dm^2$ h) $1\,m^2 \;\square\; 1000\,cm^2$

9 Schreibe auf zweierlei Weise.

Beispiel: $6\,cm^2\,81\,mm^2 = 6{,}81\,cm^2$
                              $= 681\,mm^2$

a) $5\,m^2\,7\,dm^2$ d) $60\,cm^2\,60\,mm^2$
b) $15\,dm^2\,11\,cm^2$ e) $3\,m^2\,3\,dm^2$
c) $9\,cm^2\,72\,mm^2$ f) $12\,dm^2\,1\,cm^2$

10 Schreibe in gemischten Maßeinheiten.
a) $9{,}28\,dm^2$ d) $177\,dm^2$ g) $13\,050\,mm^2$
b) $5{,}08\,cm^2$ e) $107\,cm^2$ h) $812\,mm^2$
c) $1{,}37\,m^2$ f) $153\,dm^2$ i) $4231\,mm^2$

11 Nenne Flächen aus deiner Umgebung, deren Größe man in mm², cm², dm², m² angibt. Welche Maßeinheiten werden seltener verwendet?

12 Wie kannst du die in der Tabelle angegebenen Flächeninhalte verschieden schreiben?

m²		dm²		cm²		mm²	
Z	E	Z	E	Z	E	Z	E
			1	2	7		
	2	7	0	5			
			2	0	0	4	0
					3	4	2	2

Beispiel: $127\,dm^2 = 1\,m^2\,27\,dm^2 = 1{,}27\,m^2$

13 Schreibe mit der Maßeinheit Quadratzentimeter (cm²).
a) $1{,}38\,dm^2$ e) $8\,m^2$ i) $0{,}0043\,m^2$
b) $275\,dm^2$ f) $12{,}30\,dm^2$ j) $0{,}0025\,dm^2$
c) $13\,000\,mm^2$ g) $5{,}75\,m^2$ k) $0{,}0098\,m^2$
d) $1{,}01\,m^2$ h) $4700\,mm^2$ l) $0{,}03\,dm^2$

14 Schreibe ohne Komma.

Beispiel: $0{,}71\,cm^2 = 71\,mm^2$

a) $0{,}22\,cm^2$ d) $0{,}013\,dm^2$ g) $0{,}0029\,dm^2$
b) $0{,}05\,m^2$ e) $1{,}7823\,m^2$ h) $0{,}000246\,m^2$
c) $23{,}2\,cm^2$ f) $12{,}30\,cm^2$ i) $555{,}12\,dm^2$

15 Rechne um.

a)
cm²	mm²
2,80	280
	95
0,12	

b)
dm²	cm²
0,50	50
	110
4,90	

c)
m²	dm²
16	1600
	724
0,25	

d)
cm²	mm²
12	1200
	450
0,75	

Längen; Umfang und Flächeninhalt von Rechteck und Quadrat

Wir bestimmen Flächeninhalte

Vor einem Kamin sind Fliesen verlegt worden. Jede Fliese ist 1 dm lang und 1 dm breit, also 1 dm² groß.

Durch Abzählen der Fliesen kann man feststellen, wie groß die rechteckige, gefliese Fläche vor dem Kamin ist.

Schneller geht es, wenn man rechnet:
- Die Fläche besteht aus 12 Streifen.
- Jeder Streifen hat 18 Fliesen.

12 · 18 Fliesen, also 216 Fliesen.

Jede Fliese ist 1 dm² groß. Die Fläche hat den Flächeninhalt 216 dm².

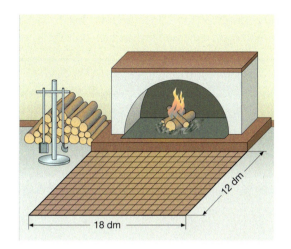

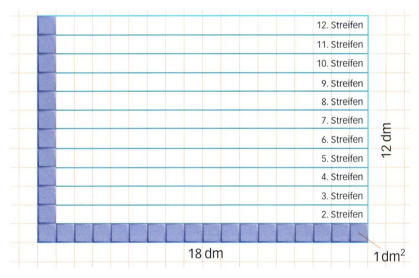

Jan skizziert die gefliese rechteckige Fläche auf Karopapier. Jedes Kästchen steht in der Skizze für ein Quadrat mit 1 dm Kantenlänge, kennzeichnet also ein Quadrat mit 1 dm² Flächeninhalt.

Jan zerlegt das Rechteck durch Linien in 12 Streifen.

Jeder Streifen enthält 18 Quadrate. 1 Streifen steht für den Flächeninhalt 18 · 1 dm² = 18 dm².
Zusammen haben dann die 12 Streifen den Flächeninhalt 12 · 18 dm² = 216 dm².
Für den Flächeninhalt erhält er 216 dm².

Jan überlegt:
Die Maßzahl der Länge gibt an, wie viele Quadrate in einem Streifen sind, nämlich 18.
Die Maßzahl der Breite gibt an, wie viele Streifen es sind, nämlich 12.

Ich berechne den Flächeninhalt des Rechtecks, indem ich die Maßzahlen der Länge und der Breite multipliziere und als Maßeinheit den Flächeninhalt eines Quadrats (1 dm²) nehme.

> **Maßzahl des Flächeninhalts = Maßzahl der Länge · Maßzahl der Breite**

Zur Vereinfachung beim Berechnen des Flächeninhalts von Rechtecken sagen wir kurz:

Flächeninhalt = Länge · Breite

Dazu müssen die Länge und die Breite in derselben Maßeinheit vorliegen. Der Flächeninhalt erhält dann die zugehörige Flächeneinheit: m → m²; dm → dm²; …

Für den Flächeninhalt eines Rechtecks gilt:	Für den Flächeninhalt eines Quadrats gilt:
Flächeninhalt = Länge · Breite	Flächeninhalt = Länge · Länge
$A = a \cdot b$	$A = a \cdot a$

Beim Berechnen des Flächeninhalts treten auch Maßzahlen mit Kommas auf. Deshalb schreiben wir *vor dem Rechnen* die Seitenlängen *ohne Komma in derselben Maßeinheit*. Wir multiplizieren die Maßzahlen miteinander und versehen das Ergebnis mit der richtigen Maßeinheit.

Beispiel

a) Das Rechteck ist 3,9 cm lang und 1,6 cm breit.

Gegeben:
a = 3,9 cm = 39 mm
b = 1,6 cm = 16 mm

Gesucht: Flächeninhalt A

Rechnung:
$A = a \cdot b$
A = 39 mm · 16 mm
A = 624 mm²
A = 6,24 cm²

Antwort: Der Flächeninhalt des Rechtecks beträgt 6,24 cm².

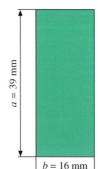

b) Die Seitenlänge des Quadrats beträgt 1,6 cm.

Gegeben:
a = 1,6 cm = 16 mm

Gesucht: Flächeninhalt A

Rechnung:
$A = a \cdot a$
A = 16 mm · 16 mm
A = 256 mm²
A = 2,56 cm²

Antwort: Der Flächeninhalt des Quadrats beträgt 2,56 cm².

Übungen

1 Zeichne Quadrate und bestimme den Flächeninhalt, indem du die Quadrate in Einheitsquadrate zerlegst. Die Seitenlängen sind:
a) 12 cm   b) 7 cm   c) 25 mm   d) 9,8 cm

2 Zeichne Rechtecke und bestimme den Flächeninhalt, indem du die Rechtecke in Einheitsquadrate zerlegst. Die Seitenlängen sind:
a) 7 cm und 6 cm   c) 32 mm und 70 mm
b) 5 cm und 9 cm   d) 60 mm und 43 mm

3 Gib die folgenden Seitenlängen der Rechtecke ohne Komma an und berechne den Flächeninhalt.
a) 3 cm und 3,8 cm   c) 1,2 m und 0,4 m
b) 4,4 cm und 6 cm   d) 4,5 m und 3,2 m

4 Gib die folgenden Seitenlängen der Quadrate ohne Komma an und berechne den Flächeninhalt.
a) 3,4 cm   b) 0,8 m   c) 1,15 m

5 Zeichne ein Rechteck mit den Seitenlängen 2 cm und 3 cm. Welchen Flächeninhalt hat das Rechteck?

Längen; Umfang und Flächeninhalt von Rechteck und Quadrat

6 Bestimme den Flächeninhalt von Quadraten mit folgenden Seitenlängen:
a) 5 mm   b) 7,75 m   c) 1,2 cm

7 Bestimme den Flächeninhalt von Rechtecken mit folgenden Seitenlängen:
a) 3 cm und 5 cm
b) 7,75 m und 5,60 m
c) 2,371 km und 2389 m

8 Zeichne die Figuren und bestimme den Flächeninhalt.
a) Rechteck mit der Länge 8,3 cm und der Breite 18 mm
b) Quadrat mit der Seitenlänge 3,6 cm
c) Rechteck mit den Seitenlängen 21 mm und 7,5 cm

9 Ein Volleyballspielfeld hat 18 m Länge und 9 m Breite. Das Spielfeld soll mit einem Kunststoffboden ausgelegt werden.
Wie viel Quadratmeter Kunststoffboden werden benötigt?

10 Ein Fußballfeld ist 110 m lang und 75 m breit. Gib den Flächeninhalt in Quadratmeter an. Wievielmal ist das Fußballfeld größer als ein Volleyballfeld?
Schätze und rechne.

11 In einem Hallenbad ist das Schwimmerbecken 25 m lang und 11 m breit. Das Nichtschwimmerbecken hat eine Länge von 8 m und eine Breite von 6 m.
a) Wie groß ist die Wasserfläche jedes Beckens?
b) Wie groß ist die Wasserfläche beider Becken zusammen?

12 Ein Farbdia hat die Form eines Rechtecks mit den Seitenlängen 24 mm und 36 mm. Jens lässt von einem solchen Dia ein Großfoto im Format 36 cm × 54 cm herstellen. Berechne den Flächeninhalt des Dias und den des Großfotos.
a) Um welches Vielfache wurden die Seitenlängen vergrößert?
b) Um welches Vielfache hat sich die Fläche vergrößert?

13 Berechne den Flächeninhalt der Figuren (Maße in cm). Zerlege die Figuren geschickt.

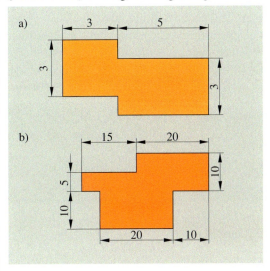

14 Die Wohnung von Familie Bentheim hat folgende Räume:
Wohnzimmer: 5,15 m × 4,1 m,
Schlafzimmer: 4,5 m × 3,7 m,
Küche: 2,5 m × 3 m,
Kinderzimmer: 3,5 m × 4 m,
Flur: 4,8 m × 1,75 m, Bad: 2,5 m × 3 m
Gib die Wohnfläche in Quadratmeter gerundet an.

15 Vergleiche die Fläche der Rechtecke mit demselben Umfang.

U	a	b	A
16 m	1 m	7 m	7 m²
16 m	2 m	6 m	
16 m	3 m	5 m	
16 m	4 m	4 m	

a) Was kannst du feststellen?
b) Erstelle eine Tabelle für Rechtecke von 12 cm Umfang.

16 Vergleiche den Umfang der Rechtecke mit derselben Fläche.

A	a	b	U
36 m²	12 m	3 m	
36 m²	9 m	4 m	
36 m²	6 m	6 m	
36 m²	4 m	9 m	
36 m²	3 m	12 m	

a) Was stellst du fest?
b) Erstelle eine Tabelle für Rechtecke von 64 cm² Fläche.

Wir messen und zeichnen im Maßstab

Familie Bender will in Kürze ihr neues Haus beziehen. Zur Vorbereitung hat sie einen Plan erhalten. Hier siehst du die Zimmeraufteilung im Erdgeschoss des Hauses. Das Erdgeschoss ist im Maßstab 1:100 verkleinert dargestellt.

> Maßstab 1:100 bedeutet
> 1 cm in der Zeichnung
> entspricht
> 100 cm in der Wirklichkeit
> oder 1 m in der Wirklichkeit

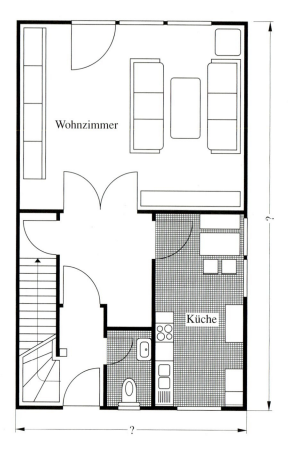

Beispiel

Länge des Hauses

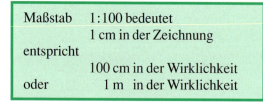

Zeichnung	Wirklichkeit
10,3 cm	1030 cm = 10,30 m

Breite des Hauses

Zeichnung	Wirklichkeit
6,3 cm	

Übungen

1 Übertrage die Zeichnungen ins Heft und ergänze sie zu Rechtecken und Quadraten.

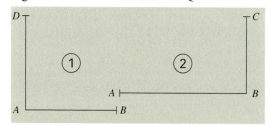

a) Miss die Strecken der 2 Figuren und schreibe für jede Figur die Maße auf.
b) Berechne die Umfänge und Flächeninhalte der 2 Figuren.
c) Die Figuren sind im Maßstab 1:100 gezeichnet. Wie groß sind die Längen in Wirklichkeit?

2 Zeichne die folgende Fläche im Maßstab 1:100.
$a = 7{,}5$ m und $b = 3{,}8$ m
a) Wie groß ist die Fläche in der Zeichnung und in Wirklichkeit?
b) Wie groß sind die Umfänge?

Beispiel:

Wirklichkeit	Zeichnung
$a = 7{,}5$ m	$a = 7{,}5$ cm
…………	…………

3 Messt die Länge und Breite eures Klassenzimmers.
a) Zeichnet den Grundriss im Maßstab 1:100 ins Heft. Kennzeichnet Fenster und Türen.
b) Zeichnet den Grundriss im Maßstab 1:10 an der Tafel.

Wiederholen und sichern

1 Übertrage ins Heft und ergänze.
a) Berechne für Quadrate.

Seite a	Umfang U	Fläche A
12 cm		
	72 dm	
		144 m²

b) Berechne für Rechtecke.

Seite a	Seite b	Umfang U	Fläche A
18 m			216 m²
	125 dm		625 dm²
	30 cm		36 cm²
7 dm	40 dm		

2 Zeichne ein Rechteck mit $a = 3{,}5$ cm und $b = 8$ cm.
a) Berechne Umfang und Flächeninhalt.
b) Wie verändert sich Umfang und Flächeninhalt, wenn du die Länge von Seite a verdoppelst?
c) Wie verändert sich Umfang und Flächeninhalt, wenn du die Länge von Seite b verdoppelst?
d) Wie verändert sich Umfang und Flächeninhalt, wenn du die Länge von allen Seiten verdoppelst?
e) Wie verändert sich Umfang und Flächeninhalt, wenn du die Länge von Seite a verdoppelst und die Länge von Seite b halbierst?

3 Ein rechteckiges Kinderzimmer ($a = 6{,}2$ m; $b = 4{,}8$ m) erhält einen neuen Teppichboden.
a) Berechne den Flächeninhalt.
b) Berechne die Kosten, wenn 1 m² mit 14,50 € berechnet wird.
c) Die Rechnung beläuft sich auf genau 600,– €. Wie viel wurde für den Arbeitslohn berechnet?

4 Ein Acker ist 116 m lang und 52 m breit. Ein Bauer will ihn als Bauland verkaufen. Er erhält für den Quadratmeter 26,50 €.

5 a) Miss die Seiten der dargestellten Flächen eines Rottaler Bauernhofes.

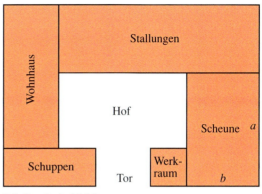

Maßstab 1:1000

Beispiel:	Gemessen	Wirklichkeit
Scheune	$a = 3$ cm	$a = 3000$ cm
	$b = 2$ cm	$b = 2000$ cm

b) Berechne die wirklichen Flächeninhalte.

6 Herr Maier hat auf seinem Grundstück ein Gartenhaus gebaut. Du siehst das auf der Skizze unten.
a) Wie viel freie Fläche bleibt ihm?
b) Wie lang ist sein Gartenzaun?
Beachte: Wohnhaus und Gartenhaus stehen an der Grundstücksgrenze.

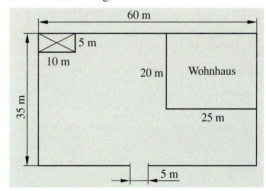

7 Berechne die Flächeninhalte der hier skizzierten Figuren.

a) 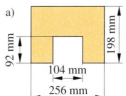   b)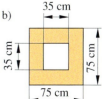

8 Für einen quadratischen Garten werden 318 m Zaun benötigt (die Breite der Toreinfahrt beträgt 2 m).
a) Wie lang ist jede Seite, wenn du die Toreinfahrt mitberechnest?
b) Wie groß ist der Flächeninhalt des Gartens?
c) Wie viel reine Gartenfläche bleibt, wenn man für den Weg und das Gartenhäuschen 200 m² anrechnet?

9 Auf der Anzeigenseite der Tageszeitung sind drei rechteckige Grundstücke zu je 1200 m² angeboten.

Verkaufe
Biete in schöner Lage und zum baldmöglichsten Termin Grundstück zum Kauf.

a) Sie sind 40 m, 48 m und 50 m lang. Berechne die Breite der Grundstücke.
b) Wie groß ist der Umfang eines jeden Grundstücks?
c) Was kostet ein Grundstück bei einem Preis von 58,00 € pro m²?

10 Zeichne ein Quadrat von 3 cm Seitenlänge.
a) Zeichne es im Maßstab 2:1 vergrößert.
b) Vergleiche die Flächen der beiden Quadrate.
c) Wie viele kleine Quadrate musst du zusammenlegen, um das große zu erhalten?
d) Vergleiche auch den Umfang der beiden Quadrate.

11 Zwei Rechtecke von 8 cm Länge und 3 cm Breite werden aneinander gelegt bzw. als neues Rechteck gezeichnet.
Es gibt zwei Lösungen!
a) Zeichne im Maßstab 1:1.
b) Berechne den neuen Flächeninhalt.
c) Vergleiche die beiden Umfänge.

12 Frau Müller-Fieler streicht die Decke ihres Wohnzimmers, die 7,5 m lang und 4,5 m breit ist. Wie viele Dosen weißer Deckenfarbe braucht sie zum Streichen der Decke, wenn sie sparsam mit der Farbe umgeht?

13 Hans will das Würfelnetz aus einem Plakatkarton ausschneiden. Zuerst hat er es so gezeichnet.

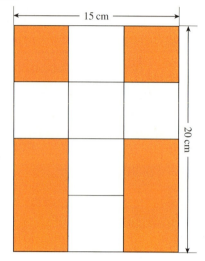

a) Wie groß wird die Gesamtfläche des Würfelnetzes?
b) Welchen Flächeninhalt hat der Verschnitt?
c) Berechne auch ein Rechteck und ein Quadrat des Verschnitts.

14 Ein großes Beet im Stadtpark wird mit Tulpen bepflanzt.

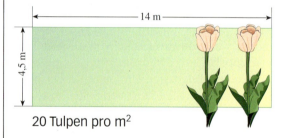

20 Tulpen pro m²

15 Eine Fußballfeld ist 110 m lang und 80 m breit. Welche Rasenfläche muss der Platzwart mähen?

Mathe-Meisterschaft

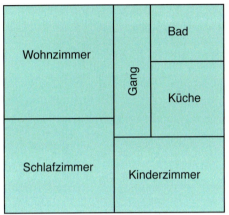

Maßstab 1:200

1. a) Miss die Längen und Breiten aller 6 Räume in cm. *(3 Punkte)*

   b) Wie groß sind Länge und Breite der Räume in Wirklichkeit? *(6 Punkte)*

   c) Berechne die Bodenflächen der einzelnen Räume. *(6 Punkte)*

   d) Wie groß ist die ganze Wohnung? *(1 Punkt)*

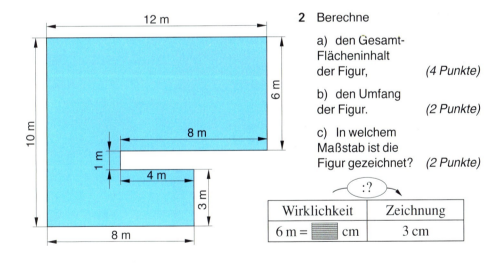

2. Berechne

   a) den Gesamt-Flächeninhalt der Figur, *(4 Punkte)*

   b) den Umfang der Figur. *(2 Punkte)*

   c) In welchem Maßstab ist die Figur gezeichnet? *(2 Punkte)*

Wirklichkeit	Zeichnung
6 m = ▒▒ cm	3 cm

SILBER 19–15 Punkte
GOLD 24–20 Punkte
BRONZE 14–10 Punkte

Sachbezogene Mathematik

In der Bahnhofshalle

Die Reisenden betreten die Bahnhofshalle und überlegen, wie lange es noch bis zur Abfahrt ihres Zuges dauert. Am Fahrkartenschalter werden die Fahrpreise von einem Computer berechnet. Fahrkarten gibt es aber auch an den Automaten. Die Gepäckannahme wiegt die Koffer und berechnet den Transportpreis, der vom Gewicht und der Entfernung abhängt.

Sachrechen-Lehrgang

Wir stellen Fragen und beantworten sie: Reisen mit der Bahn

1 Markus kommt um 16.35 Uhr am Hauptbahnhof München an und möchte nach Regensburg verreisen.

München Hbf → Regensburg Hbf DB

15.48	RE 31214		17.16	täglich
16.26	RE 31216		18.05	01
16.48	RE 31350		18.14	täglich
17.08	RE 70866	Landshut (Bay) 18.06 18.11 RB 70828	19.00	02
17.42	RE 31218		19.08	Sa
17.48	RE 31220		19.16	täglich
18.07	RE 31320	Landshut (Bay) 18.58 19.02 RB 70830	19.49	03
18.48	RE 31354		20.14	täglich
19.48	RE 31222		21.16	täglich

01 = Sa, So; auch 24. bis 26. Dez, 31. Dez, 1., 6. Jan, 18., 21. Apr, 1., 29. Mai, 9., 19. Jun, 15. Aug, 3. Okt
02 = Mo - Fr; nicht 24. bis 26. Dez, 31. Dez, 1., 6. Jan, 18., 21. Apr, 1., 29. Mai, 9., 19. Jun, 15. Aug, 3. Okt
03 = ab München Hbf Gl. - 2736 Mo - Fr; nicht 24. bis 26. Dez, 31. Dez, 1., 6. Jan, 18., 21. Apr, 1., 29. Mai, 9., 19. Jun, 15. Aug, 3. Okt

a) Wann fährt der nächste Zug nach Regensburg?
b) Wann kommt dieser Zug in Regensburg an?
c) Wie lange ist Markus unterwegs?
d) Wann kommt er in Regensburg an, wenn er den Zug um 17.08 Uhr nimmt?
e) Wie lange ist der dann unterwegs?
f) Wie lange hat er Aufenthalt in Landshut?
g) Was hat er bei dem Zug um 17.08 Uhr noch zu beachten?
h) Brauchen alle Züge gleich lange?
i) Welcher Zug hat die kürzeste Fahrzeit?
j) Stelle ähnliche Fragen und beantworte sie.

Abfahrtstafel

18.40 RE 5433 — Nürnberg Hbf 21.13 / Mü-Pasing 18.46 – Weilheim(Obb) 19.14 – Garmisch-Partenkirchen 19.57 – Mittenwald 20.25 – Seefeld i. T. 20.46 – **Innsbruck Hbf 21.25** — Gleis 30/2

18.44 IC 2290 Mo-Fr, So* — Mü-Pasing 18.50 – Augsburg Hbf 19.20 – Ulm Hbf 20.03 – Göppingen 20.37 – Stuttgart Hbf 21.06 – **Karlsruhe Hbf 21.53** — Gleis 19/2
*nicht 24.,25.,31.Dez,18.,20.Apr, 8.Jun, 3. Okt

18.47 RB 21536 — Dachau Bf 19.01 – Petershausen(Obb) 19.15 – Rohrbach(Ilm) 19.34 – Reichertshofen(Obb) 19.44 – Ingolstadt Hbf 19.51 – **Ingolstadt Nord 19.56** — Gleis 21/2

18.48 ICE 1510 Mo-Fr, So* — Mü-Pasing 18.57 – Augsburg Hbf 19.24 – Nürnberg Hbf 20.28 – Erlangen 20.46 – Bamberg 21.06 – Lichtenfels 21.24 – Saalfeld 22.14 – Jena 22.42 – **Leipzig Hbf 23.45** — Gleis 18
*nicht 24.,25.,31.Dez,18.,20.Apr, 8.Jun, 3. Okt

18.48 RE 31033 — Mü-Ost 18.55 – Grafing Bf 19.10 – Rosenheim 19.28 – Bad Endorf 19.41 – Prien/Chiemsee 19.48 – Übersee 20.00 – Bergen(Obb) 20.06 – Traunstein 20.12 – Freilassing 20.32 – **Salzburg Hbf 20.41** — Gleis 10

18.48 RE 31354 — Freising 19.10 – Landshut Hbf 19.33 – Neufahrn(Ndb) 19.49 – **Regensburg Hbf 20.14** — Gleis 25

18.51 RE 21260 — Mü-Pasing 18.58 – Geltendorf 19.20 – Kaufering 19.29 – Buchloe 19.40 – Kaufbeuren 19.57 – **Füssen 20.56** — Gleis 29

18.55 ICE 580 — München-Pasing 19.03 – Augsburg Hbf 19.32 – Würzburg Hbf 21.24 – **Fulda 21.59** — Gleis 15
So; nicht 22., 29. Dez, 20. Apr, 8. Jun; auch 1. Jan, 21. Apr, 9. Jun
weiter nach Hannover Hbf 23.32

19.00

19.01 EN 482 HANS CHRISTIAN ANDERSEN — Nürnberg Hbf 21.39 – Würzburg Hbf 22.32 – Fulda 23.50 – Berlin Zoolog.Garten 5.32 – Berlin Ostbahnhof 5.47 – Oranienburg 6.30 – — Gleis 22

2

Es ist jetzt 18.30 Uhr. Ich muss nach Füssen ...

a) Wann fährt der nächste Zug ab?
b) Von welchem Bahnsteig fährt der Zug ab?
c) Wann kommt der Zug in Füssen an?
d) Wie lange dauert die Fahrt?
e) Wann trifft der Zug jeweils fahrplanmäßig am Bahnhof Geltendorf, Buchloe und Kaufbeuren ein?
f) Michaela möchte nach Ingolstadt verreisen. Stelle ähnliche Fragen und beantworte sie.
g) Herr Müller reist nach Salzburg.

Achtung, Sonderangebote!

1 Beim Einkaufen heißt es, Preise zu vergleichen und zu rechnen.

a) Wie viel kosten drei 200-g-Becher Joghurt?
b) Wie teuer ist ein Stieleis?
c) Wie viel kosten 1,5 l Mineralwasser einschließlich Pfand?
d) Daniela kauft zwei 200-g-Packungen Schinken, eine Packung Laugenbrezen und ein Glas Champignons. Wie viel muss sie bezahlen?
e) Wie viel spart sie dabei durch die Sonderangebote?
f) Stelle ähnliche Fragen und beantworte sie.

2

3 Marie und Theresa kaufen für ihren bevorstehenden Kindergeburtstag ein. Stelle Fragen und rechne. Überschlage vorher das Ergebnis.

a) Marie überlegt: 3 Packungen Bio-Apfelsaft oder 2 Packungen des Apfel-Fruchtsaftgetränks?
b) Sie nimmt 1 Packung Bio-Apfelsaft, 2 Packungen des Apfel-Fruchtsaftgetränks, 2 Packungen des Roggen-Knusperbrotes und bezahlt mit einem 5-€-Schein.
c) Theresa möchte noch zusätzlich für die Tombola einen Fit-Ball und eine Puppe kaufen.
d) Stelle ähnliche Aufgaben und rechne. Überschlage vorher das Ergebnis.

Sachrechen-Lehrgang

Wir entwickeln und nützen Lösungshilfen

Beispiel

Sabine hat in einem Geschäft für zwei linierte Hefte 0,90 € bezahlt. Sie kauft dort später vier Hefte.

Manchmal geht es mit einer Tabelle besser!

2 Hefte kosten   0,90 €
4 Hefte kosten   2-mal 0,90 € = 1,80 €

Übungen

1 Setze die Tabelle des Beispiels bis zum Preis für 16 Hefte fort.

2 Lege für andere Preise Tabellen an, z. B.: Ein Heft kostet 0,80 €; 1,10 €, 1,50 € … Felix kauft z. B. 1; 2; … Hefte.

Beispiel

Oft hilft ein Schaubild.

Eine Waschmaschine kostet 715 €. Frau Müller bekommt die Waschmaschine wegen eines Lackfehlers um 35 € billiger. Da sie die Maschine bar bezahlt, erhält sie noch einen zusätzlichen Preisnachlass von 13,60 €. Wie viel muss Frau Müller bezahlen?

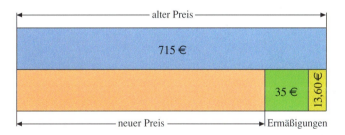

Ermäßigung: 35 € + 13,60 € = 48,60 €
Neuer Preis: 715 € − 48,60 € = 666,40 €
oder
Neuer Preis: 715 € − 35 € − 13,60 €   = 666,40 €
Neuer Preis: 715 € − (35 € + 13,60 €)   = 666,40 €

Übungen

Zeichne eine Lösungshilfe und rechne.

1 Elvira bezahlt für vier Flaschen Apfelsaft 4,40 €. Beim nächsten Einkauf nimmt sie sechs Flaschen. Wie viel bezahlt sie dafür?

2 Herr Wimmer zahlt im Einrichtungshaus 383 € für eine Vitrine. Er hat sie 72 € billiger bekommen. Außerdem spart er als Selbstabholer zusätzlich 25 €.
Wie viel hat diese Vitrine ursprünglich einmal gekostet?

Sachbezogene Mathematik

Beispiel

Herr Friedl fährt von Spiegelau über Landshut (118 km) nach München. Insgesamt hat er 197 km zurückgelegt.

Wir rechnen: $118 + x = 197$
$x = 197 - 118$

Wir antworten: Die Strecke Landshut–München ist ▓ km lang.

Beispiel

Ramona verdient als Auszubildende monatlich 444 €. Ein Viertel davon möchte sie sparen.

444 € : 4 = 111 €

oder:

Ramona spart monatlich ▓ €.

Beispiel

Für eine Schulveranstaltung musste jeder Schüler 2 € bezahlen. Insgesamt wurden 636 € eingenommen. Wie viele Schüler besuchten die Veranstaltung?

636 € : 2 € = 318

318 Schüler besuchten die Veranstaltung.

Übungen

Zeichne passende Lösungshilfen und rechne.

1 Andreas verdient als Auszubildender monatlich 480 €. Die Hälfte gibt er seinen Eltern für Wohnung und Essen, ein Viertel möchte er sparen. Wie viel bleibt ihm als Taschengeld?

2 Fritz macht eine viertägige Radtour. Am ersten Tag radelt er 23 km, am zweiten Tag 38 km, am dritten Tag 41 km, insgesamt radelt er 149 km. Wie weit ist Fritz am vierten Tag gefahren?

3 Ramona erhält von ihrer Mutter 3 €, wenn sie den Rasen mäht. Ramona spart auf einen CD-Player, der 87 € kostet.

4 Susanne hat 10 € zusammengespart und geht damit zu einem Volksfest. Sie liest:
Autoscooter: 2,– €
Schaukeln: 1,70 €
a) Welche Möglichkeiten hat sie?
b) Besprich dich mit deinen Klassenkameraden, wie lange du brauchst, bis du 10 € gespart hast und wie lange z. B. fünf Fahrten im Autoscooter dauern.

Sachrechen-Lehrgang

Beispiel Tanja kauft für die Schule ein. Sie nimmt zwei Bleistifte, einen Radiergummi, einen Bleistiftanspitzer und fünf linierte Hefte.

Preisliste:
Bleistift 0,45 €
Heft 0,49 €
Radiergummi 0,60 €
Bleistiftanspitzer 1,05 €

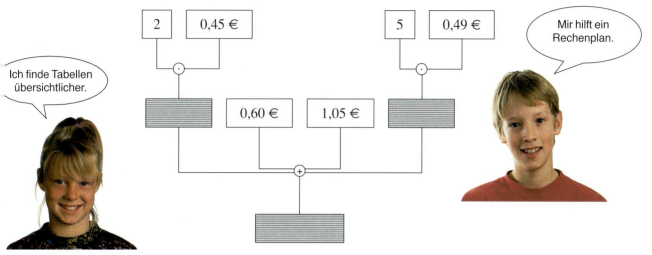

Ich finde Tabellen übersichtlicher.

Mir hilft ein Rechenplan.

2 Bleistifte	2-mal 0,45 €	2 · 45 Cent	90 Cent	0,90 €
5 Hefte	5-mal 0,49 €	5 · 49 Cent	245 Cent	2,45 €
1 Radiergummi	1-mal 0,60 €			0,60 €
1 Bleistiftspitzer	1-mal 1,05 €			1,05 €
Tanja muss bezahlen				5,00 €

Lösung mit Term:

$$2 \cdot 45 + 80 + 105 + 5 \cdot 49 = \square \quad \text{oder}$$
$$2 \cdot 0{,}45 + 0{,}80 + 1{,}05 + 5 \cdot 0{,}49 = \square$$

Versuche auf den folgenden Seiten die Sachverhalte zeichnerisch (im Rechenplan, im Schaubild …) darzustellen und einen Lösungsweg zu finden.

Übungen

Rechne wie im Beispiel.

1 Frau Wagner holt 24 Fotos ab. Jedes Foto kostet 23 Cent und die Filmentwicklung 1,95 €.

2 Herr Müller nutzt ein Sonderangebot.
a) Er holt 36 Fotos ab.
b) Wie viel würden 24 Fotos kosten?

3 Susanne braucht neue Schreibsachen. Sie kauft einen Radiergummi für 0,60 €, drei Hefte zu je 49 Cent und zwei Bleistifte zu je 45 Cent.

4 Thomas kauft 5 Dosen Hundenahrung.
a) Wie viel kosten sie?
b) Wie viel hat er durch das Sonderangebot gespart?
c) Er bezahlt mit einem 10-€-Schein.

Beispiel Markus kauft ein Päckchen Tintenpatronen, vier Bleistifte und drei karierte Hefte. Er bezahlt mit einem 10-€-Schein.

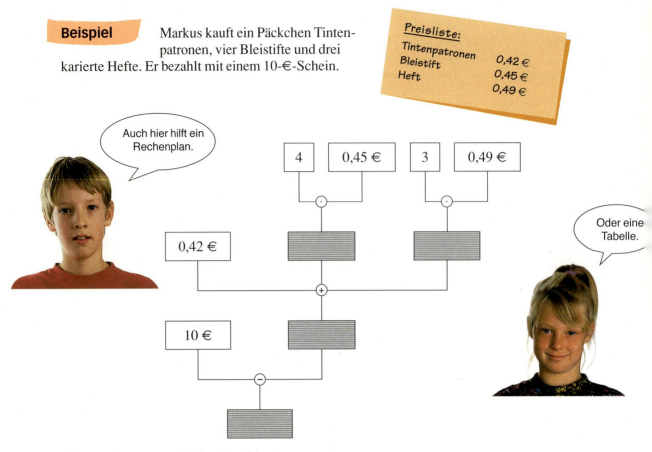

Wir berechnen, was Markus bezahlen muss:

1 Päckchen Patronen	1-mal 0,42 €		0,42 €
4 Bleistifte	4-mal 0,45 €	4 · 45 Cent 180 Cent	1,80 €
3 Hefte	3-mal 0,49 €	3 · 49 Cent 147 Cent	1,47 €
Markus muss bezahlen			3,69 €

Wir berechnen, wie viel Geld Markus noch zurückbekommt:

10 € – 3,69 € = 6,31 €

oder kürzer als Term: 10 € – (0,42 € + 1,80 € + 1,47 €) =
10 € – 3,69 € = 6,31 €

Markus bekommt noch 6,31 € zurück.

Übungen

Rechne wie im Beispiel.

1 Bevor Simone 3 SMS zu je 38 Cent, 4 SMS zu je 19 Cent und 8 SMS zu je 26 Cent verschickte, hatte sie noch ein Guthaben von 12,59 € auf ihrem Handy.

2 Frau Weber verschickt 12 Standardbriefe zu je 55 Cent, 3 Briefe zu je 1,44 € und noch einmal 4 Standardbriefe.

3 Der Tank des Pkw von Herrn Graf fasst 58 Liter Diesel. Wie viel billiger wird eine Füllung, wenn der Preis für einen Liter von 86,9 auf 82,9 Cent sinkt?

Sachrechen-Lehrgang

Wir überprüfen Ergebnisse mithilfe von Überschlagsrechnungen

Preisliste:
Dose Erdnüsse 1,99 €
Schokolade 0,89 €
Karottensaft 2,49 €
Gebäckmischung 2,99 €
Eis 1,50 €

Manuela kauft ein:
3 Dosen Erdnüsse, 2 Tafeln Schokolade, 2 Flaschen Karottensaft, eine Tüte Gebäckmischung. Sie hat 20 € dabei. Bevor sie zur Kasse geht, rechnet sie überschlägig, ob das Geld noch für ein Eis reicht.
Dabei erinnert sie sich:

0 1 2 3 4	5 6 7 8 9
← abrunden	aufrunden →

	So wird gerechnet:	So überschlägt Manuela:
3 Dosen Erdnüsse:	3 · 1,99 € = 5,97 €	3 · 2 € = 6 €
2 Tafeln Schokolade:	2 · 0,89 € = 1,78 €	2 · 1 € = 2 €
2 Fl. Karottensaft:	2 · 2,49 € = 4,98 €	2 · 2,50 € = 5 €
1 T. Gebäckmischung:	2,99 €	3 €
	15,72 €	16 €

Manuela reicht das Geld für den Einkauf. Sie kann sich ein Eis kaufen.

Beispiel

	Rechnung	Überschlag
a) Ein Kaufmann nimmt ein: 299 €; 213 €; 289 €	299 € + 213 € + 289 € = 801 €	300 € + 210 € + 290 € = 800 €
	Bei diesen Beträgen ist es günstig, auf Zehner zu runden.	
b) Zu einem Fußballspiel kamen 927 Zuschauer, von denen jeder 11 € bezahlte.	927 · 11 € 927 927 ——— 10 197 €	900 · 11 € = 9900 € Hier ist es günstig, die Zuschauerzahl auf Hunderter zu runden.

Übungen

Rechne genau. Kontrolliere das Ergebnis durch den Überschlag.

1 Frau Klante kauft 1 Dose Erdnüsse, eine Flasche Karottensaft und eine Tüte Gebäckmischung.

2 Frau Müller kauft drei Eis.

3 Im Fußballstadion wurden 12 990 Sitzplätze zu je 29 € verkauft.

4 Eine Tippgemeinschaft mit vier Mitgliedern hat im Lotto 16 460 € gewonnen.

Wir legen Rechenschritte fest, stellen sie übersichtlich dar

Beispiel

Bei einem Fußballspiel kosteten die Stehplätze 11 € und die Sitzplätze 22 €. Es wurden 10 950 Karten für Stehplätze und 14 850 Karten für Sitzplätze verkauft. Der Kassierer prüft die Einnahmen.

Lies den Text genau durch.	Um welchen Sachverhalt geht es? Fußballspiel; Stehplätze; Sitzplätze …
Stelle fest, was gegeben ist.	10 950 Stehplatzkarten zu je 11 € 14 850 Sitzplatzkarten zu je 22 €
Wie lautet die Rechenfrage?	Wie viel Geld wurde eingenommen?
Brauchst du eine Lösungshilfe? Wie musst du rechnen? Welche Rechnungen sind notwendig?	Rechenbaum, Tabelle … Einnahmen für die Stehplätze: 10 950 · 11 € Einnahmen für die Sitzplätze: 14 850 · 22 € Gesamteinnahmen: 10 950 · 11 € + 14 850 · 22 €
Überschlage das Ergebnis.	11 000 · 10 € = 110 000 € zusammen etwa 15 000 · 20 € = 300 000 € 410 000 €

Rechne schriftlich.	10950 · 11 € 14850 · 22 € 120450 €
	  10950 29700 + 326700 €
	  10950 29700 1
	  1 1 1 1 447150 €
	120450 € 326700 €

Vergleiche das Rechenergebnis mit dem Überschlagsergebnis. Überlege, ob das Rechenergebnis stimmen kann.	447 150 € sind rund 410 000 €. Das Ergebnis kann stimmen.
Beantworte die Rechenfrage.	Insgesamt wurden 447 150 € eingenommen.

Übungen

Bearbeite auch diese Aufgaben schrittweise.

1 TSV Spiegelau – Eintrittspreise:
Nichtmitglied: 8 €
Mitglied: 7 €
Schüler, Rentner: 4 €
Zu einem Fußballspiel kamen 304 Nichtmitglieder, 98 Mitglieder und 49 Schüler.

2 Frau Maier kauft ein Auto für 12 750 €. Sie zahlt 2550 € an und bezahlt den Rest in 12 Monatsraten.

3 Herr Müller macht mit seinem Pkw einen Tagesausflug und legt 242 km zurück. Er rechnet mit 26 Cent Unkosten pro Kilometer. Außerdem leistet er sich noch ein Mittagessen für 11,10 €.

Wir wechseln Geld

Hier sind die Münzen und Banknoten der Europäischen Währungsunion abgebildet.

Manchmal benötigt man ganz bestimmte Münzen, z. B. beim Kauf von Briefmarken oder Fahrkarten. Hat man diese Münzen nicht, muss man Geld wechseln. Dabei bleibt der Wert des Geldes gleich, nur die Anzahl und der Wert der Geldscheine und Münzen ändert sich.

Beispiel In einer Bank werden 10 € in 50-Cent-Münzen gewechselt.

	50-Ct-Münzen
1 €	1 · 2 = 2
2 €	2 · 2 = 4
5 €	5 · 2 = 10
10 €	10 · 2 = 20
… €	

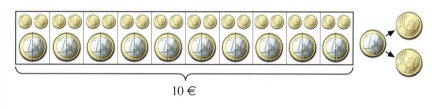

Übungen

1 In einer Bank werden folgende Geldbeträge gewechselt.
Wie viele Münzen sind es jedes Mal?
200 € in Münzen zu:
a) 2 € b) 1 € c) 50 Cent
10 € in Münzen zu:
a) 50 Cent b) 10 Cent c) 5 Cent d) 2 Cent

2 Daniel hat in seiner Geldbörse drei 50-Ct-Münzen, vier 5-Ct-Münzen, acht 2-Ct-Münzen und 14 einzelne Cent.

3 In Banken und Sparkassen kann auch Geld in Schweizer Franken umgewechselt werden. Eine Umrechnungstabelle hilft dir dabei:
a) Fritz möchte 40 € umwechseln.
Wie viel Schweizer Franken erhält er?
b) Seine Eltern möchten 800 € wechseln.
Vergiss das Überschlagsrechnen nicht:
1 € entspricht ungefähr 1,5 Sfr.

UMRECHNUNGSTABELLE		
€		Sfr
10,00	=	15,40
50,00	=	77,00
100,00	=	154,00
200,00	=	308,00
300,00	=	462,00
400,00	=	616,00

Wir addieren und subtrahieren Geldbeträge

Beispiel

Stefanie kauft einen Beutel Nüsse, ein Glas Pfirsiche und eine Dose Ananas in Scheiben. Sie bezahlt mit einem 10-€-Schein.

Nüsse 2,98 €	Pfirsiche 1,29 €	Ananas 1,49 €	Rückgeld
10 €			

Was zu bezahlen ist:

	Überschlag	
Nüsse:	3 €	2,98 €
Pfirsiche:	1,30 €	1,29 €
Ananas:	+ 1,50 €	+ 1,49 €
	5,80 €	5,76 €

Rückgeld:

Überschlag: 10 € – 6 € = 4 €
Rechnung: 10 € – 5,76 € = 4,24 €
Antwort: Stefanie bekommt 4,24 € zurück.

oder kürzer als Term: 10 € – (2,98 € + 1,29 € + 1,49 €)

Übungen

Verwende Lösungshilfen und rechne schrittweise, als Term oder Gleichung. Überprüfe das Ergebnis durch den Überschlag.

1 Monika kauft im Supermarkt 10 Stück Beetpflanzen zu je 29 Cent, eine Dose Heringsfilets für 0,89 € und einen Obst-Tortenboden für 1,99 €.
a) Wie viel muss sie bezahlen?
b) Sie bezahlt mit einem 10-€-Schein.

2 Überprüfe folgende Rechnung.
a) Wie viel musste der Kunde bezahlen?
b) Womit hat er bezahlt?
c) Wie viel Geld bekommt er zurück?

3 Auf dieser Quittung ist undeutlich zu lesen, was der Schinken kostet.
Kannst du es herausfinden?

METZGEREI LAMM

kg	€ pro kg	€
00,254	013,00	0003,30
00,210	023,00	000,
2363	Summe*1	0008,13

VIELEN DANK FÜR IHREN EINKAUF

4 Hans und Maria machen der Mutter ein Geschenk. Hans spendiert 23,80 €, Maria gibt 37,40 € dazu. Das Geschenk kostet 89,90 €.

Wir multiplizieren und dividieren Geldbeträge

Beispiel

a) Christina hat vier Karten für ein Fußballspiel gekauft. Eine Karte kostet 12,30 €. Wie viel kosten die vier Karten?

Wir berechnen das Vierfache von 12,30 €:

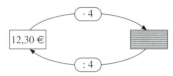

4 · 1230 Ct = 4920 Ct = 49,20 €.

Die vier Karten kosten 49,20 €.

Hier wird ein Geldbetrag mit einer Zahl multipliziert. Das Ergebnis ist wieder ein Geldbetrag.

b) Frank hat für 5 Stehplatzkarten zusammen 32,50 € bezahlt. Wie viel € kostet eine Karte?

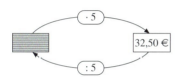

Wir dividieren 32,50 € durch 5:
3250 Ct : 5 = 650 Ct = 6,50 €

Eine Stehplatzkarte kostet 6,50 €.

Hier wird ein Geldbetrag durch eine Zahl dividiert. Das Ergebnis ist wieder ein Geldbetrag.

c) Ruth kauft für 80 € Tribünenkarten. Eine Karte kostet 10 €. Wie viele Karten erhält sie?

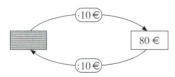

Wir rechnen:
80 € : 10 € = 8 €

Die Anzahl der Karten ist 8.

Hier wird ein Geldbetrag durch einen anderen Geldbetrag dividiert, indem die Maßzahlen dividiert werden. Das Ergebnis ist eine unbenannte Zahl, kein Geldbetrag.

Übungen

1 Berechne wie im Beispiel:

15 · 6,50 € = 15 · 650 Ct = 9750 Ct = 97,50 €

a) 12 · 4,60 €   e) 11 · 6,32 €
b) 14 · 7,20 €   f) 17 · 5,27 €
c) 20 · 8,20 €   g) 19 · 3,54 €
d) 13 · 5,15 €   h) 12 · 10,37 €

Ergebnisse: 55,20 €; 66,95 €; 67,26 €; 69,52 €; 89,59 €; 100,80 €; 124,44 €; 164 €

2 Berechne wie im Beispiel: Formuliere Rechengeschichten.

18,40 € : 8 = 1840 Ct : 8 = 230 Ct = 2,30 €

a) 25,20 € : 7   c) 23,50 € : 5
b) 23,40 € : 9   d) 28,80 € : 4

3 Berechne.

a) 8 · 2,80 €   e) 3,90 € : 6
b) 4 · 0,75 €   f) 4,62 € : 7
c) 7 · 3,15 €   g) 6,56 € : 8
d) 14 · 1,64 €   h) 13,44 € : 12

Wiederholen und sichern

1 Manuel kauft zwei Hefte zu je 45 Cent und einen Ordner. Er muss insgesamt 3,20 € bezahlen.

2 Tanja hat das Pflegepferd Nico bekommen. Sie kauft in einem Reitsportgeschäft eine Bürste für 9,80 €, einen Hufauskratzer für 3 €, Huffett für 3,90 € und eine Gerte für 14,90 €. Sie bekommt noch Leckerli im Wert von 2,50 € geschenkt.

3 Michael kauft in einem Fanshop seines Lieblingsvereins ein. Er überprüft die Rechnung:
1 Schal	14,80 €
1 Paar Stutzen	18,90 €
1 Trikot	49,50 €
1 Schlüssel-Anhänger	▩,▩ €
	85,90 €

4 Herr Stangl zahlt für eine Kommode 362 €. Er hat sie 60 € billiger bekommen als im Katalog steht, außerdem sparte er als Selbstabholer weitere 25 €. Wie viel hat die Kommode ursprünglich gekostet?

5 Ein Schrank ist mit 640 € ausgezeichnet. Für die Zustellung werden noch 40 € berechnet. Wie teuer kommt der Schrank, wenn bei Barzahlung ein Preisnachlass von 60 € gewährt wird?

6 Pommes, Hamburger und Cola, bitte.

7 Frau Hofbauer hat für 4 Stücke Erdbeerkuchen 4,60 € bezahlt. Herr Scholler kauft auch Erdbeerkuchen: 6 Stücke.

8 Simone hat jede Woche 2,50 € von ihrem Taschengeld gespart. Sie hat nun insgesamt 75 € gespart. Wie viele Wochen hat sie dazu gebraucht?

9 Frau Maier bezahlt für 2 Flaschen Apfelsaft 2,30 €. Beim nächsten Einkauf nimmt sie gleich einen 6er-Kasten Apfelsaft.

10

a) Michaela kauft 2 Packungen Vierkorn-Buttertoast, 3 Dosen Ölsardinen und 1 Stück Butter.
b) Erstelle ähnliche Aufgaben, stelle den Sachverhalt anschaulich dar und löse sie.

Prüfe bei folgenden Aufgaben, ob Angaben überflüssig sind.

11 Herr und Frau Huber gehen zu einem Eishockeyspiel. Der Kassierer ist 32 Jahre alt. Eine Eintrittskarte kostet 16,50 €. Wie viel müssen sie bezahlen?

12 Der elfjährige Tobias erhält eine Brille. Das Brillengestell kostet 49,90 € und jedes Glas 23,80 €. Das Brillenfachgeschäft gewährt pro Lebensjahr 2 € Rabatt und schenkt ihm noch ein Brillenetui im Werte von 3,50 €. Wie teuer kommt die neue Brille, wenn von der Krankenkasse kein Zuschuss gewährt wird?

13 Martin braucht für seinen MP3-Player vier neue Batterien. Er vergleicht eine Sechserpackung zu 3,99 € mit einer Viererpackung zu 2,99 €. Eine Zweierpackung kostet 2,20 €, eine einzelne Batterie 1,50 €.

Aufgaben aus verschiedenen Bereichen

Wir rechnen mit Gewichten und Rauminhalten

Im Physikunterricht wiegen die Schüler einen Liter Wasser.

Die Grundeinheit des Gewichts ist
1 Kilogramm (abgekürzt: 1 kg).
1 Kilogramm ist das Gewicht eines Liters Wasser.

Die Grundeinheit von Rauminhalten ist
1 Liter (abgekürzt: 1 l).

1 Kilogramm (kg) = 1000 Gramm (g)	1 Liter (l) = 1000 Milliliter (ml)
1000 Kilogramm (kg) = 1 Tonne (t)	1 Hektoliter (hl) = 100 Liter (l)

Anmerkung: Die Physiker messen mit Kilogramm und Gramm nicht *Gewichte*, sondern *Massen*.

Beispiel

Für vier Tortenböden hat Bäcker Weißmehl 320 g Zucker verbraucht.
a) Wie viel Gramm Zucker braucht er dann für fünf Tortenböden?
Für 1 Tortenboden: 320 g : 4 = 80 g
Für 5 Tortenböden: 80 g · 5 = 400 g
Er braucht für 5 Tortenböden 400 g Zucker.
b) Für wie viele Tortenböden reicht der Zucker, wenn er noch 960 g hat?
960 g : 80 g = 12
960 g Zucker reichen für 12 Tortenböden.

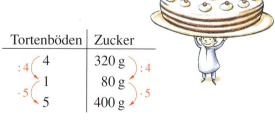

Übungen

1 Schreibe die folgenden Größen in Kilogramm (kg) mit Komma. Welche Größen können sinnvoll in Tonnen angegeben werden?
a) 3086 g e) 350 g i) 534 000 g
b) 5380 g f) 48 912 g j) 900 000 g
c) 2810 g g) 50 748 g k) 8 110 000 g
d) 40 g h) 136 700 g l) 9 200 000 g

2 Vergleiche die Gewichtsangaben und setze „<" oder „>" oder „=" ein.
a) 1500 g ☐ 1 kg 50 g
b) 750 g ☐ 0,075 kg
c) 6 kg 25 g ☐ 6025 g
d) 1410 g ☐ 14,010 kg
e) 1200 kg ☐ 1,2 t
f) 3,1 t ☐ 3010 kg

3 Zwölf Kilogramm Bonbons werden in Beuteln zu 125 g abgepackt. Wie viele Beutel erhält man?

4 An einer Schule werden jeden Freitag belegte Brote zum Kauf angeboten. Dazu braucht man gewöhnlich zwei Vollkornbrote zu je 750 g und ein Weizenmischbrot zu 1 kg. Wie viel Kilogramm Brot werden im Jahr (40 Schulwochen) benötigt?

5 Tee wird auch in Aufgussbeuteln verkauft. Eine Packung schwarzer Tee enthält 20 Aufgussbeutel; in jedem Beutel sind 1,75 g Tee. Eine Packung Hagebuttentee enthält auch 20 Aufgussbeutel; in jedem Beutel sind 2,5 g Tee. Wie viel Gramm Tee enthalten die einzelnen Packungen?

6 Eine Teefirma packt 70 kg Tee in Aufgussbeutel zu 1,75 g ab. Wie viele Packungen zu je 20 Aufgussbeuteln ergibt das?

7 Ein Händler holt bei einem Bauern Kartoffeln mit dem Lkw ab. Der Lkw hat ein Eigengewicht von 3,5 t und darf bis zu einem Gesamtgewicht von 7 t 500 kg beladen werden. Wie viele Säcke Kartoffeln zu je 50 kg darf der Händler laden?

8 Ein Lastkahn kann 2500 t Kohle laden. Kann er die Kohle von 41 Güterwaggons aufnehmen, wenn jeder Waggon mit 60,5 t beladen ist?

9 Ein Transporter darf Lasten bis zum Gewicht von einer Tonne befördern. Um wie viel Kilogramm ist das zulässige Ladegewicht überschritten, wenn 250 Packungen Waschpulver zu je 4,5 kg geladen werden?

10 Ein Mofa wird bei Kilometerstand 2200 voll getankt. Bei Kilometerstand 2400 gehen 6 Liter Benzin in den Tank.
a) Wie viele Liter Benzin verbraucht es auf 100 km?
b) Wie viel kosten 6 Liter Benzin, wenn 1 Liter 1,20 € kostet?
c) Wie teuer ist das Benzin, das für eine Fahrt von 50 km durchschnittlich verbraucht wird?

11 Für die Heizung eines Einfamilienhauses braucht man im Jahr durchschnittlich 2555 Liter Heizöl.
a) Wie viele l Heizöl braucht man täglich im Durchschnitt (1 Jahr = 365 Tage)?
b) Wie teuer kommt das Heizen, wenn 1 l Heizöl 32 Cent kostet?
c) Durch den Einbau einer Solaranlage könnte man ungefähr 500 Liter Heizöl sparen.
d) Überlege, wie du dazu beitragen kannst, dass weniger Heizöl verbrannt wird.

Wir rechnen mit Zeiten

Im täglichen Leben spielen Zeitangaben eine wichtige Rolle.

Beispiel

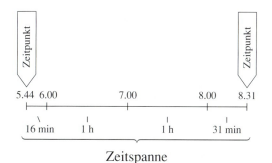

Wie lange ist der Reisende unterwegs?
Lösung:
16 min + 2 h + 31 min = **2 h 47 min**   Die Fahrzeit beträgt 2 Stunden und 47 Minuten.

Die Fahrzeit ist eine Zeit**spanne**. Abfahrt und Ankunft werden durch eine Uhrzeit festgelegt. Es sind Zeit**punkte**.

Große Zeitspannen messen wir in Tagen, Wochen, Monaten oder Jahren. Kleine Zeitspannen messen wir in Sekunden, Minuten oder in Stunden. Dabei gilt:

1 Stunde (h) = **60 Minuten (min)**	**1 Tag = 24 Stunden (h)**	**1 Jahr = 12 Monate**
1 Minute (min) = **60 Sekunden (s)**	**1 Woche = 7 Tage**	

15 min = $\frac{1}{4}$ h

30 min = $\frac{1}{2}$ h = $\frac{5}{10}$ h = 0,5 h

45 min = $\frac{3}{4}$ h

Übungen

1 Übertrage die Tabelle in dein Heft. Berechne die Fahrzeit. Fülle die Tabelle aus.

Zug-Nr.	Abfahrt München	Ankunft Regensburg	Zeit-spanne
IR 2063	6.57	8.21	
RE 3032	7.48	9.13	
IC 762	8.48	10.01	

2 Rechne um.
a) 8 min 2 s = ☐ s
b) ☐ min ☐ s = 430 s
c) 5 min 30 s = ☐ s
d) 2 h 10 min = ☐ min

3 Familie Morgenthaler ist von 8.15 Uhr bis 11.10 Uhr gewandert. Dann wurde eine Pause gemacht. Um 12.25 Uhr ging es weiter bis 14.55 Uhr und dann wieder von 15.15 Uhr bis 17.00 Uhr. Wie lange ist Familie Morgenthaler gewandert?

4 Stephan stellt die Zeiger seiner Armbanduhr um 20.00 Uhr zu Beginn der Tagesschau. Seine Uhr geht täglich vier Minuten vor. Nach wie vielen Tagen würde sie wieder den richtigen Zeitpunkt anzeigen?

5 a) $2\frac{1}{4}$ h = ☐ min   c) $2\frac{3}{4}$ h = ☐ min
   b) 1,25 h = ☐ min   d) 1,5 h = ☐ min

Wir rechnen mit Längen

Herr König fährt mit dem Fahrrad zu seiner Arbeitsstelle, die 6,2 km entfernt ist.
Wie viel km hat er in 5 Tagen zurückgelegt?

Täglich zurückgelegte Strecke:

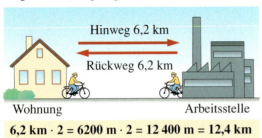

6,2 km · 2 = 6200 m · 2 = 12 400 m = 12,4 km

In 5 Tagen zurückgelegte Strecke:

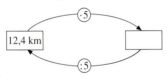

Gesamtansatz:
6200 m · 2 · 5 = 62 000 m
62 000 m = 62 km

Herr König hat insgesamt 62 km zurückgelegt.

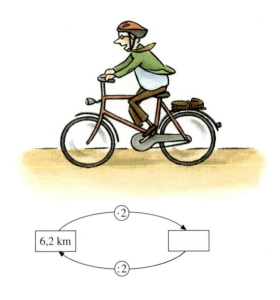

Tage	Strecke
1	12,4 km
5	62,0 km

Oder als Gleichung:
$6200 \cdot 2 \cdot 5 = x$

Übungen

1 Berechne.
Beispiel: 4,32 m · 12
= 432 cm · 12 = 5184 cm = 51,84 m
a) 5,02 m · 21 c) 12,32 m · 20
b) 7,150 km · 15 d) 17,3 km · 14

2 Berechne.
Beispiel: 14,50 m : 0,25 m
= 1450 cm : 25 cm = 58
a) 28,80 m : 0,80 m d) 2,44 m : 61 cm
b) 29,4 m : 0,7 m e) 14,5 dm : 2,9 dm
c) 10,80 m : 0,60 m f) 173,9 cm : 4,7 cm

3 Berechne.
a) 5 · 2,70 m d) 5,40 m : 6
b) 8 · 5,15 m e) 6,30 m : 9
c) 12,5 cm · 4 f) 2,80 m : 0,40 m

4 Ali, Michaela und Nadia messen mit Schritten die Länge eines Volleyballfeldes aus. Das Spielfeld hat eine Länge von 18 m.
Ali benötigt 24 Schritte, Michaela 20 Schritte und Nadia 25 Schritte.
a) Wie lang ist ein Schritt von jedem?
b) Wie viele Schritte benötigt jeder für das Messen eines Fußballfeldes von 105 m Länge?

5 Die Erde hat am Äquator einen Umfang von ungefähr 40 000 km.
a) Stelle dir vor, du fährst mit dem Fahrrad jeden Tag 40 km.
Wie viele Tage wärst du unterwegs?
b) Wie lange benötigt ein Flugzeug, das 1000 km pro Stunde fliegt, für die Strecke?

Aufgaben aus verschiedenen Bereichen

6 Im Sport sind die Abmessungen von Spielfeldern festgelegt. Ein Fußballfeld ist z.B. 70 m breit und 105 m lang, das Tor ist 7,32 m breit und 2,44 m hoch. Der Strafstoßpunkt ist 11 m vom Tor entfernt. – Ein Tennisfeld hat die Länge 23,77 m und die Breite 10,97 m. Die Netzhöhe beträgt 0,914 m.
a) Vergleiche die Fläche der beiden Spielfelder.
b) Welche Angaben sind überflüssig?

7 Sven macht mit seinem Freund eine Radtour. Zu Beginn steht auf dem Kilometerzähler: 1283,5 km. Er notiert die Kilometerstände:
1. Tag: 1302,9 km   3. Tag: 1356,8 km
2. Tag: 1317,2 km   4. Tag: 1399,2 km
a) Wie viel Kilometer fuhren sie täglich?
b) Wie viel Kilometer fuhren sie insgesamt?

8 Bei der Fahrt in den Urlaub haben die Hubers dreimal Rast gemacht. Stefan hat jedes Mal den Kilometerstand notiert und die folgende Tabelle aufgeschrieben.

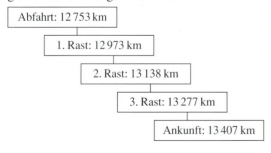

a) Wie lang sind die einzelnen Teilstrecken?
b) Berechne die Gesamtlänge der gefahrenen Strecke.
c) Herr Huber rechnet einen Kilometerpreis von 35 Cent.
Wie hoch sind die Fahrtkosten?

9 Auf einer Rolle sind 5,20 m Raufasertapete. Beim Kleben dieser Tapete gibt es keinen Abfall. Zum Tapezieren eines Treppenhauses werden benötigt:
vier Bahnen zu 4,20 m,
drei Bahnen zu 3,75 m und
fünf Bahnen zu 2,79 m.
Wie viele Rollen Tapete werden benötigt?

10 In einer Schreinerei wird ein Balken, der 15,2 cm hoch ist, in Bretter zersägt. Wie dick werden die sieben Bretter, wenn bei jedem Sägeschnitt 2 mm verloren gehen?

11 Eine Baustelle auf der Autobahn ist 176 m lang. Sie wird durch Blinkleuchten gesichert. Alle 8 m wird eine Leuchte aufgestellt. Wie viele Blinkleuchten werden benötigt? Löse die Aufgabe zeichnerisch (10 m entspricht 1 cm im Heft).

12 Ein rechteckiger Garten hat eine Länge von 87 m und eine Breite von 54 m.
a) Wie viel Meter Maschendraht werden gebraucht, wenn für den Eingang 2 m frei gelassen werden?
b) Welche Fläche steht dem Eigentümer zur Verfügung? Gib den Flächeninhalt an.

13 Bei den Bundesjugendspielen wird als Abschluss eine 3-mal-75-m-Staffel gestartet. Am Start sind vier Staffeln. Jessica behauptet, dass sie bei ihrem 1000-m-Lauf eine längere Strecke zurücklegt als alle Staffelteilnehmer. Stimmt das?

Wir rechnen mit Flächeninhalten

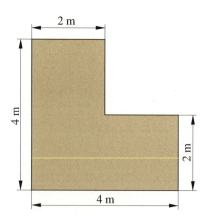

1 Michael möchte einen neuen Teppichboden. Er hat deshalb sein Zimmer ausgemessen und eine Skizze (im Maßstab 1 : 100) erstellt.
a) Wie kann er die Zimmerfläche sinnvoll aufteilen, damit er bekannte Flächenformen erhält?
b) Wie viel m² Teppichboden braucht er für sein Zimmer mindestens?
c) Wie teuer kommt der neue Teppichboden, wenn 1 Quadratmeter 17 € kostet?

Michael erinnert sich:

| Für den Flächeninhalt eines Rechtecks gilt:
Flächeninhalt = Länge · Breite ($A = a \cdot b$)

Für den Flächeninhalt eines Quadrats gilt:
Flächeninhalt = Länge · Länge ($A = a \cdot a$) | $1 \text{ m}^2 = 100 \text{ dm}^2$
$\quad 1 \text{ dm}^2 = 100 \text{ cm}^2 = 10\,000 \text{ mm}^2$
$\quad\quad 1 \text{ cm}^2 = \quad 100 \text{ mm}^2$
Umwandlungszahl für Flächeninhalte: **100** |

2 In einer Sporthalle soll der Kunststoffboden eines Spielfeldes erneuert werden. Wie viel Quadratmeter Kunststoffboden werden benötigt, wenn das Spielfeld 14 m lang und 7 m breit ist?

3 In einem Freibad ist das Schwimmerbecken 50 m lang und 22 m breit. Das Nichtschwimmerbecken hat eine Länge von 12 m und eine Breite von 8 m.
a) Wie groß ist die Wasserfläche jedes Beckens?
b) Wie groß ist die gesamte Wasserfläche?

4 Die Wohnung von Familie Maier hat folgende Räume:
Wohnzimmer: 5,35 m × 4,8 m,
Schlafzimmer: 4,5 m × 3,9 m,
Küche: 4,2 m × 3,8 m,
Kinderzimmer: 4,1 m × 3,7 m,
Flur: 4,9 m × 1,85 m, Bad: 3,5 m × 3 m
a) Gib die Wohnfläche gerundet in m² an.
b) Der monatliche Mietpreis je Quadratmeter beträgt 5,20 €. Hinzu kommen noch 95 € Nebenkosten.
Wie viel Euro muss Familie Maier jeden Monat überweisen?

5 Ein rechteckiges Gelände ist 180 m lang und 105 m breit. Bis auf eine der langen Seiten wird das Gelände mit Bäumen umpflanzt, die immer 15 m voneinander entfernt sind. Wie viele Bäume braucht man? Überprüfe durch eine Maßstabszeichnung.

6 Das Segelschiff „Gorch Fock" hat eine Segelfläche von 1950 m². Welche Seitenlängen kann ein Rechteck mit dem gleichen Flächeninhalt haben? Nenne mehrere Möglichkeiten.

7 In einer Zeitungsanzeige wird ein 900 m² großes rechteckiges Grundstück angeboten.
a) Welche Abmessungen kann das Grundstück haben, wenn Länge und Breite in vollen Metern gemessen wurden? Es gibt viele Möglichkeiten. Gib vier sinnvolle Möglichkeiten an.
b) Berechne auch jeweils den Umfang.

8 Die Kanten einer Arbeitsplatte (Länge 1,80 m; Breite 60 cm) werden mit einem Umleimer (Kantenschutz) versehen.
a) Wie viel Meter Umleimer braucht man?
b) Wie groß ist ihr Flächeninhalt?

Wir vergleichen Lösungswege und überprüfen Ergebnisse

Katharina und Dominik kaufen für ihren Hund 3 Dosen Hunde-Vollnahrung und 6 Hundesnacks. Sie bezahlen mit einem 10-€-Schein.

79 Ct	79 Ct	79 Ct	79 Ct	79 Ct	79 Ct	79 Ct	79 Ct	79 Ct	Rückgeld
10-€-Schein									

Dominik rechnet so:
3 Dosen Hundenahrung: 3 · 79 Ct = 237 Ct
6 Hundesnacks: 6 · 79 Ct = 454 Ct
237 Ct + 474 Ct = 711 Ct
711 Ct = 7,11 €
10 € − 7,11 € = 2,89 €

Überschlag:
3 · 80 Ct = 240 Ct
6 · 80 Ct = 480 Ct
700 Ct
700 Ct = 7 €
10 € − 7 € = 3 €

Katharina rechnet so:
9 · 79 Ct = 711 Ct   *oder:*   1000 − 9 · 79 = ☐
1000 Ct − 711 Ct = 289 Ct   1000 − 711 = 289

a) Wer rechnet vorteilhafter? Begründe.
b) Die Kinder haben Probleme mit dem Kassenzettel. Rechne nach.

Übungen

Löse die Aufgaben schrittweise, mit Term oder Gleichung. Rechne möglichst vorteilhaft. Vergiss Lösungshilfen und das Überschlagsrechnen nicht.

1 Sabrina kauft für ihre Katze fünf Dosen Katzennahrung zu je 415 g und eine Packung Katzensnacks. Wie viel muss sie bezahlen?

2 Sebastian holt für seine Katze Minka sechs Dosen Katzennahrung „Premium Qualität" und drei 415-g-Dosen Katzennahrung.

3 Michael nimmt vier Dosen Katzennahrung „Premium-Qualität" und drei Packungen Katzensnacks. Er bezahlt mit einem 5-€-Schein.

4 Marie kauft drei Dosen Katzennahrung „Premium Qualität" und ein Pflegeset für ihre Katze. Sie bezahlt mit einem 10-€-Schein und bekommt noch 3,99 € zurück.

5

Wir verändern Angaben

Die 23 Fünftklässler in Burgfarrnbach planen einen Klassenausflug in die Fränkische Schweiz. Die Schüler haben sich Prospekte schicken lassen und wichtige Informationen besorgt.

Binghöhle Streitberg

Eintrittspreise:
Schüler 1,50 €

Dauer der Führung:
1 Stunde

Öffnungszeiten:
9.00 bis 12.00 Uhr
und 13.00 bis 17.00 Uhr

Von Streitberg aus kann man zur Burgruine Neideck nach Muggendorf und zurück wandern. Die Strecke ist insgesamt 9 km lang. An der Ruine ist ein wunderschöner Rastplatz.
Das Streitberger Freibad liegt am Ufer des Wiesentflusses. Das Quellwasser ist ungeheizt und nur ganz gering gechlort. Das Bad ist von 10 bis 19 Uhr geöffnet. Der Eintritt kostet für Kinder 1 Euro.

Ein Busunternehmen macht folgendes Angebot:
Fahrt im 30-Sitzer von Burgfarrnbach nach Streitberg und zurück 140 €; im 60-Sitzer 160 €. Abfahrt am Schulparkplatz um 8.00 Uhr; Rückkunft um 17.00 Uhr. Fahrzeit einfach ca. 45 Minuten.

Hinfahrt		Rückfahrt	
Burgfarrnbach ab	7.52	Burgfarrnbach an	17.27
Fürth Hbf an	7.58	Fürth Hbf ab	17.21
Fürth Hbf ab	8.01	Fürth Hbf an	17.02
Forchheim an	8.31	Forchheim ab	16.40
Forchheim ab	8.34	Forchheim an	16.22
Ebermannstadt an	8.56	Ebermannstadt ab	16.01
Ebermannstadt ab	9.05	Ebermannstadt an	15.48
Streitberg an	9.13	Streitberg ab	15.38

Die Rückfahrkarte kostet pro Schüler 3,80 Euro, für Lehrkräfte 7,50 Euro

Übungen

1 Wie lange dauern die Hin- und Rückfahrt mit der Bahn? Wie viel Zeit geht durch Aufenthalte auf Bahnhöfen insgesamt verloren?

2 Wie viel Zeit steht der Klasse in Streitberg zur Verfügung, wenn sie mit der Bahn fährt?

3 Die Klasse wandert in einer Stunde etwa 4 km. Reicht die Zeit für Höhle, Wanderung und Freibad, wenn mit der Bahn gefahren wird und an der Ruine eine halbe Stunde gerastet werden soll? Erstellt einen Zeitplan.

4 Was kostet der Ausflug mit Bahnfahrt, Höhlenbesichtigung und Eintritt ins Freibad pro Schüler?

5 Die Klasse fährt mit dem 30-er-Bus.
a) Wie viel Zeit steht ihr in Streitberg zur Verfügung?
b) Was kostet der Ausflug mit Höhle und Freibad pro Person?

6 Die Schüler überlegen, zusammen mit den 26 Sechstklässlern und ihrer Lehrerin zu fahren und den 60-er-Bus zu nehmen. Berechne die Kosten pro Person.

Aufgaben aus verschiedenen Bereichen

Sachfeld Einkaufen

1 Max nimmt 2 kg Tomaten, 5 Kiwis, 2 kg Bananen und 3 Beutel Speisefrühkartoffeln.
a) Stelle durch überschlägiges Rechnen fest, ob ihm an der Kasse 20 € reichen.
b) Wie viel muss er tatsächlich bezahlen?
c) Erstelle ähnliche Aufgaben, rechne überschlägig und schreibe „Kassenbelege".

2 Denke dir zu folgenden Rechenplänen entsprechende „Rechengeschichten" aus und rechne.
Beispiel:

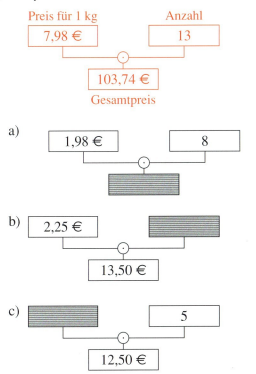

3 Fritz kauft beim Metzger Wurst ein.
a) Rechne zuerst überschlägig und dann genau, wie viel er bezahlen muss.
b) Wie viel Geld bekommt er zurück, wenn er mit einem 10-€-Schein bezahlt?
c) Wie viel kg (g) Wurst hat er insgesamt eingekauft?

kg	€/kg	€
00,172	013,00	0002,24
00,182	017,00	0003,09
00,140	017,00	0002,38
2568 SUMME*1		000▇

4 Auf dem Kassenbeleg sind nicht mehr alle Zahlen zu lesen.
a) Berechne, was 250 g Leberkäse gekostet haben.
b) Wie viel Geld bekommt der Kunde zurück, wenn er mit einem 20-€-Schein bezahlt?

kg	€/kg	€
00,236	025,00	0005,90
00,162	017,00	0002,75
00,250	016,00	000▇
2516 SUMME*1		0012,65

5 Dies ist die Preisliste von Schuhmachermeister Meierhofer.

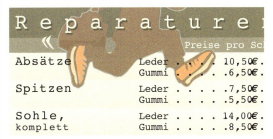

Heute hat er folgende Schuhreparaturen durchgeführt:

2 Paar _____	Absätze, Leder
1 Paar _____	Sohle, komplett, Leder
1 Einzelschuh _____	Absatz, Gummi
3 Paar _____	Absätze, Gummi
1 Paar _____	Spitzen, Leder
2 Paar _____	Sohle, komplett, Gummi

Abends rechnet Herr Meierhofer aus, wie viel Euro er durch Reparaturen eingenommen hat.

Sachfeld Freizeit

1 Herr und Frau Bauer planen mit ihren Kinder Maria (12 Jahre) und Daniel (11 Jahre) 14 Tage Urlaub mit dem Wohnmobil im Bayerischen Wald zu verbringen.

Camping am Nationalpark Bayerischer Wald

Ganzjährig geöffnet, Wanderwege und Loipeneinstieg ab Platz, 100 Stellplätze mit Wasser- und Kanalanschluss

Preise pro Nacht

Stellplatz	4,10 €
Erwachsene	3,60 €
Kinder bis 5 Jahre	1,80 €
Kinder bis 10 Jahre	2,30 €
Hund	0,80 €

a) Wie teuer kommt das Campen für Familie Bauer?
b) Wie teuer käme es, wenn sie auch ihren Hund mitnehmen würden?
c) Wie viel nimmt der Campingplatz ohne Stellplatzgebühren bei jährlich 18 000 Übernachtungen von Erwachsenen, 5000 Übernachtungen von Kindern bis 10 Jahren und 2000 Übernachtungen von Kindern bis 5 Jahren ein?

2 Familie Huber will mit zwei Kindern 14 Tage Urlaub im Frankenwald verbringen.

a) Hubers beabsichtigen, ein Ferienhaus zu mieten. Das gleiche Haus wird von verschiedenen Reiseveranstaltern angeboten.

	Schöner Reisen	Besser Reisen
Mietpreis	37,50 € pro Tag	248 € pro Woche
Endreinigung	15 €	30 €
Buchungsgebühr	14 €	35 €

Welches Angebot ist günstiger (für 14 Tage)?

b) Frau Huber rechnet für den 14-tägigen Urlaub mit 250 € Taschengeld für alle zusammen und pro Tag für jeden 9 € für Essen und Trinken. Zu den Kosten für das (günstigere) Ferienhaus kommen pro Tag noch 1,20 € für Strom und Wasser. Wie hoch sind die Kosten für den Urlaubsaufenthalt?

3 Stefan macht mit einer Jugendgruppe eine Wanderung. Auf dem Campingplatz „Nabburg" macht die Gruppe Rast. Die Gruppe besteht aus acht Jungen; sie wohnen in zwei Zelten. Je Tag sind für jedes Zelt 2 € und für jeden Jungen 1,50 € zu zahlen. Wie viele Tage war die Gruppe auf dem Campingplatz, wenn sie insgesamt 64 € zahlen musste?

4 Familie Steiner möchte mit zwei Kindern 14 Tage in Urlaub fahren. Für Halbpension sind in der Hauptsaison täglich 29,50 € pro Person zu zahlen, in der Nachsaison täglich 24,90 €.
a) Was kostet der Urlaub in der Hauptsaison?
b) Was kostet er in der Nachsaison?
c) Wie viel € kann Familie Steiner sparen, wenn sie ihren Urlaub in der Nachsaison nimmt?

5 Renates Schulklasse besucht das Deutsche Museum in München. Für den Bus sind 103,– € zu zahlen. Aus der Klassenkasse werden 45 € genommen. Der Rest wird gleichmäßig auf die 29 Schüler verteilt.
Wie viel € hat jeder Schüler noch zu zahlen?

Aufgaben aus verschiedenen Bereichen

6 Sebastian wünscht sich eine Campingausrüstung.

Camping – Sonderangebote		
Zelt „Ranger" (3-Mann)	55,00 €	**35,90 €**
Schlafsack „Dreamer jun."	22,50 €	**15,80 €**
Rucksack „Mountain"	49,95 €	**35,90 €**
Sitz-Liege-Luftmatratze 3 Luftkammern, 170/57 cm Stärke 10 cm	29,80 €	**19,90 €**
Kasten-Luftmatzratze 179/62 cm Stärke 12 cm	32,50 €	**29,90 €**

a) Wie viel muss er für ein Ranger-Zelt, einen Schlafsack und einen Rucksack bezahlen?
b) Wie viel Geld spart Sebastian durch das Sonderangebot?
c) Bilde selbst weitere Aufgaben.

7 Schon am ersten Ferientag gibt Manuela Geld aus. Ein Telefonat mit ihrer Freundin kommt auf 1,90 €, ein Eis kostet 1,50 €, für den Eintritt in ein Museum muss sie 2,50 € bezahlen und der Eintritt in das Freibad kostet 2,80 €.

8 Stefan zahlt am Skilift für eine Einzelfahrt 0,60 €. Eine Zwölf-Fahrten-Karte kostet 5 €.
a) Wie viel spart er bei einer Fahrt, wenn er eine Zwölf-Fahrten-Karte hat?
b) Nach acht Fahrten verliert Stefan seine Zwölf-Fahrten-Karte. Hat sich der Kauf der Karte dennoch gelohnt?

9 Renate ist Mitglied eines Skiclubs. Sie nimmt an einem Abfahrtstraining teil. Jeder Teilnehmer durchfährt die Abfahrtsstrecke in zwei Läufen.
Der Trainer stoppt folgende Zeiten:

Name	1. Lauf	2. Lauf
Stefanie	53 s	1 : 09 min
Josefa	1 : 12 min	53 s
Franz	1 : 03 min	59 s
Georg	49 s	1 : 11 min
Anna	59 s	57 s
Renate	1 : 01 min	48 s

a) Wer fuhr die Strecke am schnellsten, wer am langsamsten?
b) Berechne für jeden Läufer die Gesamtzeit aus beiden Läufen. Ordne nach den Zeiten.

Bist du fit?

1. Übertrage die Tabelle in dein Heft und ergänze sie.

m	dm	cm	mm
		120	
	15		
2,52			
			30
		0,5	

2. Schreibe wie im Beispiel.
Beispiel: 1,580 km = 1580 m
a) 1,249 km = ▩ m; 2,029 km = ▩ m
b) 2340 m = ▩ km; 1290 m = ▩ km
c) 2080 m = ▩ km; 2008 m = ▩ km
d) 5,9 km = ▩ m; 5,09 km = ▩ m

3. Ein Rechteck hat einen Umfang von 20 cm.
Übertrage die Tabelle in dein Heft und ergänze sie. Was fällt dir auf?

a	9 cm	8 cm	7 cm	6 cm	5 cm	4 cm
b	1 cm	2 cm	3 cm			
A	▩ cm^2	▩ cm^2	▩ cm^2	▩ cm^2	▩ cm^2	▩ cm^2

4. Ein Zimmer soll einen neuen Teppichboden und neue Fußbodenleisten erhalten. Es ist 4,50 m lang und 3,50 m breit.
a) Wie viel m^2 Teppichboden muss man mindestens bestellen?
b) Wie viel Meter Fußbodenleisten werden benötigt, wenn die Türen des Zimmers zusammen 2,12 m breit sind?

Lösungen: Das kannst du schon Wiederholen und sichern

5

1 A: 1000, B: 1500, C: 2400, D: 3600, E: 4900

2

Nachbar-hunderter	Zahl	Nachbar-einer	Nachbar-tausender
521 300	521 399	521 400	522 000
203 300	203 400	203 401	204 000
599 900	599 999	600 000	601 000

3 a) Körper 1
b) CDE oder BAF

4 a) 77 213, 3546,

```
    57 134        89 989
  + 12 253      − 78 878
    69 387        11 111
```

b)
```
   4 578      4 128      6 152
   1 250        270         45
 157 213     51 816     18 255
   6 310      4 121      1 230
```

5 199 € · 24 = 4776 €

6 Wie viel kostet der Aufenthalt im Felsenheim Kössler/in der Pension Diepold?
Welches Angebot ist billiger?
Ergebnisse je nach Rechenfrage verschieden.

7 a) 750 ml   320 m
b) $\frac{3}{4}$ kg $\frac{1}{2}$ l
c) 33 min   140 kg
d) 0,65 l   66 Cent
e) 88 mm   43 l
f) 250 g   11 cm

8 Wie viel bezahlt ein Schüler pro Übernachtung?
15 €

9 Figur b)

6

1 Anzahl der Schüler: 92
Zuschuss pro Schüler: 5 €

2 a) A) 10   B) 6   C) 12
b) A) 17   B) 21   C) 52

3 Kontrolle durch Anlegen eines Spiegels.

4

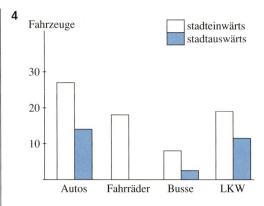

5

Maßangabe	das kann passen
5 min	Kochzeit für ein Ei
5 cm	Länge des kleinen Fingers
5 l	Inhalt eines kleinen Wassereimers
5 kg	Gewicht eines Säckchens Kartoffeln
	Gewicht eines Medizinballs
0,75 l	Inhalt einer Flasche
45 min	Dauer einer Unterrichtsstunde
	Dauer einer Fernsehsendung
2 m	Höhe eines Fensters
2 km	Länge des Schulwegs
keine passende Maßangabe	Inhalt eines Kofferraums
	Gewicht eines Schlagballs

6 a)

Preis 2799 €	
Anzahlung 524 €	12 Raten je 200 €

b) 524 € + 12 · 200 € = 2924 €
c) Preisunterschied: 125 €

7 Die Zahl heißt 214 424.

8
vermehren + multiplizieren ·
vervielfachen · teilen durch :
ergibt = dazuzählen +
dividieren : Ergebnis =
ein Viertel von :

9
```
   2 354      8 723     101 784
 + 19 841    − 4 812    + 94 399
   22 195      3 911    196 183
```

```
 320 · 19       6885 : 15 = 459
    320          60
   2880          88
   6080          75
                135
                135
```

7

1
a) 342   551 152   64 674
b) 5070   672 576   210
c) 5309   484 002   456

2 Verschiedene Einkaufssituationen möglich. Überprüfen durch Überschlagen oder Partnerkontrolle

3

Selbstkosten 259 €	Unkosten + Gewinn
Verkaufspreis 299 €	

Unkosten + Gewinn: 40 €

4 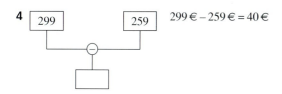   299 € − 259 € = 40 €

5 a) 4 →, 5 ↓
b) 1 ←, 5 ↑

6
a) Neuwagen
b) Neuwagen
c) Jahreswagen
d) Gebrauchtwagen
e) Vorführwagen
f) evtl. Jahreswagen

7
a) 80 · 6 = 480   480 : 6 = 80
    6 · 80 = 480   480 : 80 = 6

b) 60 · 70 = 4200   4200 : 70 = 60
    70 · 60 = 4200   4200 : 60 = 70

c) 50 · 90 = 4500   4500 : 90 = 50
    90 · 50 = 4500   4500 : 50 = 90

d) 300 · 7 = 2100   2100 : 7 = 300
    7 · 300 = 2100   2100 : 300 = 7

e) 7 · 50 = 350   350 : 50 = 7
    50 · 7 = 350   350 : 7 = 50

f) 30 · 90 = 2700   2700 : 90 = 30
    90 · 30 = 2700   2700 : 30 = 90

g) 70 · 8 = 560   560 : 8 = 70
    8 · 70 = 560   560 : 70 = 8

h) 6 · 700 = 4200   4200 : 700 = 6
    700 · 6 = 4200   4200 : 6 = 700

i) 4 · 90 = 360   360 : 90 = 4
    90 · 4 = 360   360 : 4 = 90

j) 20 · 40 = 800   800 : 40 = 20
    40 · 20 = 800   800 : 20 = 40

k) 90 · 40 = 3600   3600 : 40 = 90
    40 · 90 = 3600   3600 : 90 = 40

l) 3000 · 400 = 1 200 000   1 200 000 : 400 = 3000
    400 · 3000 = 1 200 000   1 200 000 : 3000 = 400

8

Tag	Niederschlag
Montag	200 mm
Dienstag	100 mm
Mittwoch	– mm
Donnerstag	400 mm
Freitag	300 mm

8

1
a) … 775, 805, 840, 880
b) … 8034, 8029, 8039, 8034
c) … 5670, 17 010, 51 030, 153 090
d) … 250, 500, 490, 980

2

Name	A	B	C	D	E	F
	Würfel	Kugel	Kegel	Zylinder	Pyramide	Quader
Ecken	8	–	–	–	5	8
Kanten	12	–	1	2	8	12
Seitenflächen	6	–	2	3	5	6

3
a) 33 385 > 32 853
b) 11 604 < 15 550
c)   60 < 66
d) 8489 < 76 401

4
a) 100 000 + 99 999 = 199 999
b) 876 412 − (360 204 + 7700) =
   876 412 −   367 904   = 508 508
c) 365 763 · 2 = 731 526
   1 000 000 − 731 526 = 268 474
d) 482 422 : 2 · 5 = 1 206 055
e) 420 : 2 · 12 = 2520
f) 10 103 + 4799 − (8701 − 509) =
    14 902   −   8192   = 6710

5

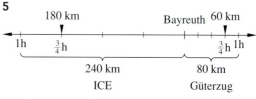

180 + 60 km = 240 km voneinander entfernt

170 Lösungen: Wir wiederholen

8

6 a) richtig b) richtig c) falsch
d) falsch e) falsch

7 a) a und c sind Parallelen
b) e ist Senkrechte auf h

8 Raute: b und d
Dreieck: a, c und d
Rechteck: b und d

22

1 a) 3497, 3498, 3499, 3500, 3501, 3502, 3503, 3504, 3505, 3506
b) 99 999, 100 000, 100 001, 100 002, 100 003, 100 004, 100 005, 100 006, 100 007, 100 008

2 a) 7312 b) 600 911

3 Russland 17 075 000 km²
Kanada 10 000 000 km²
China 9 500 000 km²
USA 9 400 000 km²

4 7443 = 7 T + 4 H + 4 Z + 3 E
7434 = 7 T + 4 H + 3 Z + 4 E
7344 = 7 T + 3 H + 4 Z + 4 E
4743 = 4 T + 7 H + 4 Z + 3 E
4734 = 4 T + 7 H + 3 Z + 4 E
4473 = 4 T + 4 H + 7 Z + 3 E
4437 = 4 T + 4 H + 3 Z + 7 E
4374 = 4 T + 3 H + 7 Z + 4 E
4347 = 4 T + 3 H + 4 Z + 7 E
3744 = 3 T + 7 H + 4 Z + 4 E
3474 = 3 T + 4 H + 7 Z + 4 E
3447 = 3 T + 4 H + 4 Z + 7 E

5 a) neunhunderteinundachtzig
b) fünftausendsiebenhundertzwölf
c) viertausendfünfhundertdrei
d) einhundertfünfzigtausendsechshundert
e) eine Million dreihundertneunzigtausendfünfhundert
f) zwölf Milliarden neunhundertachtzig Millionen dreihundertsechsundneunzigtausendzwei

6 a) 87, 238, 721, 912, 1734, 4316
b) 198, 9832, 9999, 11 329, 13 412, 15 976

7

	gerundet	genaues Ergebnis	Unterschied
a)	70 + 30 = 100	101	1
b)	200 + 60 = 260	261	1
c)	110 − 100 = 10	11	1
d)	490 − 240 = 250	247	3
e)	30 · 70 = 2100	2176	76
f)	80 · 80 = 6400	6399	1

8 1 Mio., 2 Mio., 99 Mio., 702 Mio., 576 Mrd. 990 Mio., 3 Mrd. 743 Mio.

9 Baden-Württemb. (11 Mio.) ♂♂♂♂♂♂♂♂♂♂♂
Bayern (12 Mio.) ♂♂♂♂♂♂♂♂♂♂♂♂
Berlin (3 Mio.) ♂♂♂
Brandenburg (3 Mio.) ♂♂♂
Bremen (1 Mio.) ♂
Hamburg (2 Mio.) ♂♂
Hessen (6 Mio.) ♂♂♂♂♂♂
Mecklenb.-Vorpom. (2 Mio.) ♂♂
Niedersachsen (8 Mio.) ♂♂♂♂♂♂♂♂
Nordrh.-Westf. (18 Mio.) ♂♂♂♂♂♂♂♂♂♂♂♂♂♂♂♂♂♂
Rheinland-Pfalz (4 Mio.) ♂♂♂♂
Saarland (1 Mio.) ♂
Sachsen (4 Mio.) ♂♂♂♂
Sachsen-Anhalt (3 Mio.) ♂♂♂
Schleswig-Holst. (3 Mio.) ♂♂♂
Thüringen (2 Mio.) ♂♂

10 a) 14 · 5 = 70 oder 70 : 14 = 5 …
b) 120 − 80 = 40 oder 120 : 3 = 40 …
c) 810 : 90 = 9 oder 9 · 90 = 810 …
d) 35 000 · 3 = 105 000 oder 105 000 : 3 = 35 000 …
e) 80 − 64 = 16 oder 80 − 16 = 64
f) 75 : 25 = 3 oder 75 : 3 = 25 …
g) 4300 − 2200 = 2100 oder 2100 + 2200 = 4300 …
h) 520 000 · 2 = 1 040 000 oder 1 040 000 : 2 = 520 000 …

11 a) 16 200 + 36 900 + 1300 = 54 400
Es wurden rund 54 400 Karten verkauft.
b) 8054 freie Plätze.

12

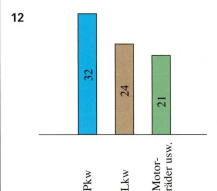

47

1 a) 777 + 223 = 1000   f) 288 + 712 = 1000
b) 1899 + 101 = 2000   g) 5077 + 923 = 6000
c) 8512 + 488 = 9000   h) 3242 + 758 = 4000
d) 4171 + 829 = 5000   i) 9150 + 850 = 10 000
e) 1790 + 210 = 2000

2 a) 45 = 45   c) 50 = 50
b) 61 > 59   d) 24 < 25

3 a) 111 111   d) 152 768   g) 95 639
b) 333 333   e) 202 020   h) 356 881
c) 375 720   f) 113 830

4 a)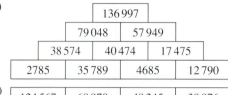
b)
124 567	68 970	48 245	39 876
	55 597	20 725	8 369
		34 872	12 356
			22 516

48

5 a) 72 : 8 : 3 = 3   d) 100 · 2 : 5 = 40
b) 5 · 8 : 2 = 20   e) 2 · 3 · 4 : 24 = 1
c) 100 : 2 : 5 = 10

6 a) 178 · 7 = 1246   b) 20 790 · 109 = 2 266 110
178 · 11 = 1958   20 790 · 250 = 5 197 500
178 · 27 = 4806   20 790 · 867 = 18 024 930
209 · 7 = 1463   73 589 · 109 = 8 021 201
209 · 11 = 2299   73 589 · 250 = 18 397 250
209 · 27 = 5643   73 589 · 867 = 63 801 663
317 · 7 = 2219   12 702 · 109 = 1 384 518
317 · 11 = 3487   12 702 · 250 = 3 175 500
317 · 27 = 8559   12 702 · 867 = 11 012 634

7 a) 154 : 7 = 22   j) 39 627 : 51 = 777
b) 2664 : 8 = 333   k) 14 504 : 14 = 1036
c) 11 106 : 9 = 1234   l) 43 284 : 12 = 3607
d) 18 180 : 6 = 3030   m) 1386 : 42 = 33
e) 32 140 : 5 = 6428   n) 138 138 : 69 = 2002
f) 29 322 : 9 = 3258   o) 14 314 : 17 = 842
g) 1701 : 3 = 567   p) 6060 : 12 = 505
h) 8008 : 8 = 1001   q) 96 138 : 21 = 4578
i) 4185 : 31 = 135   r) 201 888 : 32 = 6309

8 a) 720 : 60 = 12   =   144 : 12 = 12
b) 5600 : 80 = 70   <   3 · 4 · 6 = 72
c) 111 · 9 = 999   =   333 · 3 = 999
d) 88 · 44 = 3872   >   99 · 33 = 3267

9 165 m · 12 = 1980 m
Die Straße ist 1980 m lang.

10 10,50 € · 25 · 5 = 1312,50 €
5 Tage für 25 Schüler kosten 1312,50 €.

11 individuelle Lösungen

12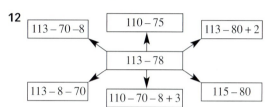

Weitere Rechenwege sind möglich!
a) 319 − 187 → 319 − 180 − 7 = 132
→ 319 − 190 + 3
→ 320 − 188
→ 219 − 87
→ 312 − 180
b) 78 + 49 → 78 + 40 + 9 = 127
→ 78 + 50 − 1
→ 77 + 50
→ 70 + 49 + 8
→ 80 + 49 − 2
c) 416 − 246 → 416 − 6 − 240 = 170
→ 410 − 240
→ 416 − 200 − 46
→ 420 − 250
→ 416 − 6 − 40 − 200
d) 213 + 63 → 213 + 60 + 3 = 276
→ 213 + 3 + 60
→ 210 + 60 + 3 + 3
e) 283 + 114 → 283 + 100 + 10 + 4 = 397
→ 283 + 110 + 4
→ 280 + 110 + 3 + 4
f) 114 − 83 → 114 − 3 − 80 = 31
→ 111 − 80
→ 114 − 80 − 3

13 425 : 25   = 17 T
8500 : 17   = 500 A
5 · 4 · 3 · 2 · 0 = 0 U
12 · 14   = 168 S
125 · 8   = 1000 E
3 · 4 · 5 · 6   = 360 N
420 : 15   = 28 D

14 600 kg : 8 = 75 kg

48

15

128	1	32
4	16	64
8	256	2

16 a) $15 \cdot 8 = 120$
b) $12 \cdot 9 = 108$
c) $220 : 4 = 55$
d) $12 + 28 = 40$
$12 \cdot 20 = 240$
$40 + 240 = 280$

17 $14 \cdot 2 \cdot 36 = 1008$ (Dias)

69

1 a) 112 560
b) 1 192 041
c) 19 912
d) 636 552

2 a) $4588 - 3136 = 1452$
b) $6903 + 5460 = 12\,363$
c) $782 + 516 + 459 = 1757$
d) $8640 - 8640 = 0$

3 a) $24 - 17 = 7$
b) $101 + 115 = 216$
c) $5 + 48 = 53$
d) $23 - 19 = 4$

4 a) $(7 \cdot 15) : 5 = 21$
$7 \cdot (15 : 5) = 21$
b) $(48 : 12) \cdot 2 = 8$
$48 : (12 \cdot 2) = 2$
c) $(200 - 160) - 30 = 10$
$200 - (160 - 30) = 70$

5 a) $221 - 100 = 121$ Punkt vor Strich
b) $31 \cdot 76 = 2356$ Klammern zuerst
c) $42 + 24 - 6 = 60$ Punkt vor Strich

6 a) $(139 + 181) + 45 = 365$
b) $(325 + 125) + 117 = 567$
c) $(286 + 114) + 75 = 475$
d) $(409 + 291) + 138 = 838$
e) $5 \cdot 2 \cdot 89 = 890$
f) $50 \cdot 2 \cdot 17 = 1700$
g) $(831 + 49) + (68 + 32) = 980$
h) $(186 + 14) + (77 + 123) = 400$
i) $(208 + 202) + (41 + 59) = 510$
j) $(388 + 112) + (53 + 47) = 600$
k) $25 \cdot 4 \cdot 17 = 1700$
l) $4 \cdot 250 \cdot 18 = 1800$

7 $x + 25 = 248$ x: Ursprünglicher Betrag
$x = 248 - 25$
$x = 223$
Ursprünglich kostete der Beitrag für die Krankenkasse 223 €.

8 $x \cdot 36 = 5400$ x: Preis einer Semmel
$x = 5400 : 36$
$x = 150$
Eine Semmel kostete 150 Cent (1,50 €).

9 $x \cdot 5 = 14 + 41$ x: Preis einer CD
$x \cdot 5 = 55$
$x = 11$ Eine CD kostete 11 €.

10 $x \cdot 15 + 12 = 312$ x: Preis einer Kiste
$x \cdot 15 = 300$
$x = 300 : 15$
$x = 20$ Eine Kiste kostet 20 €.

11 $x \cdot 3 + 17 = 50$ x: Alter des Jungen
$x \cdot 3 = 33$
$x = 11$ Der Junge ist 11 Jahre alt.

12 a) $2000 + 14\,000 + 38\,000 = 54\,000$ (Zuschauer)
b) Gesamteinnahme:
$2000 \cdot 20 + 14\,000 \cdot 15 + 38\,000 \cdot 8 =$
$40\,000 + 210\,000 + 304\,000 = 554\,000$
Einnahmen: 554 000 €

13 a) $9 \cdot x = 72; x = 8$
b) $6 \cdot y = 36; y = 6$
c) $96 : z = 8; z = 12$
d) $125 - n = 67; n = 58$
e) $a - 13 = 39; a = 52$
f) $b + 24 = 72; b = 48$
g) $60 + x = 196; x = 136$
h) $c - 98 = 180; c = 278$

95

1 Die ersten beiden Aussagen sind falsch, die beiden letzten wahr.

2 a) Es ist ein Quadrat entstanden.
b) individuelle Zeichnung
c) $E(3|2)$

3 Es entsteht ein Quadrat.

4 a) individuelle Zeichnung
b) individuelle Zeichnung
c) Es sind zwei Quadrate mit 4 cm langen Seiten entstanden.

5 Die vier Senkrechten sind zueinander parallel.

7 Die achsensymmetrische Figur ist ein Quadrat mit den Ecken $A(3|12)$, $B(0|7)$, $C(5|4)$ und $B'(8|9)$.

8 Die achsensymmetrische Figur ist ein Quadrat mit den Ecken $A(6|7)$, $B(2|5)$, $C(4|1)$ und $B'(8|3)$.

9 a) Es sind acht Ecken, gekennzeichnet mit den Buchstaben A bis H.
b) Es sind 12 Kanten.
c) Acht Kanten sind im Schrägbild gleich lang; sie verlaufen senkrecht und waagerecht.
Die vier schräg verlaufenden Kanten sind ebenfalls gleich lang.
d) Folgende Kanten stehen im Schrägbild zueinander senkrecht:
$\overline{AE} \perp \overline{AB}$; $\overline{AB} \perp \overline{BF}$; $\overline{BF} \perp \overline{EF}$; $\overline{EF} \perp \overline{AE}$;
$\overline{CD} \perp \overline{DH}$; $\overline{CD} \perp \overline{CG}$; $\overline{CG} \perp \overline{GH}$; $\overline{GH} \perp \overline{DH}$
e) Zwei Quadrate: $ABFE$ und $DCGH$
Vier Parallelogramme: $ADHE$, $BCGF$, $ABCD$ und $EFGH$.
Alle Aussagen sind auf das Schrägbild bezogen.

10 a) vgl. 9 d.
b) Zwei Rechtecke: $ABFE$ und $DCGH$
Vier Parallelogramme: $ADHE$, $BCGF$, $ABCD$ und $EFGH$.
c) Die beiden Rechtecke sind gleich groß; die Parallelogramme $ABCD$ und $EFGH$ sind gleich groß, ebenso die Parallelogramme $ADHE$ und $BCGF$.
d) Die jeweils gleich großen Flächen stehen zueinander parallel, keine Flächen stehen senkrecht zueinander.
Alle Aussagen sind auf das Schrägbild bezogen.

11 a) A, B, C, D, E, H, I, K, M, O, T, U, V, W, X, Y
b) A, H, I, M, O, T, U, V, W, X, Y
c) B, C, D, E, H, I, K, O, X
d) H, I, O, X

12 Zeile 1 trifft zu für Würfel und Quader.
Zeile 2 trifft zu für den Würfel.
Zeile 3 trifft zu für den Würfel.
Zeile 4 trifft zu für Würfel und Quader.
Zeile 5 trifft zu für den Würfel.
Zeile 6 trifft zu für Würfel und Quader.
Zeile 7 trifft zu für Würfel und Quader.

13 Die Strecken sind gleich lang.

14 Die vier Geraden sind parallel.

---

1 a) Der Tank ist zu $\frac{3}{4}$ gefüllt.
b) Nein
c) Wie weit ist das Auto schon gefahren?
$\frac{1}{4}$ des Benzins ist verbraucht → $\frac{1}{4}$ von 440 km
Das Auto ist 110 km weit gefahren.
Wie weit kann man noch fahren?
$\frac{3}{4}$ von 440 km: 330 km

2 $\frac{8}{10}$ bleiben übrig

entnommen 2 Portionen → $\frac{2}{10}$

Rest $\frac{8}{10}$

3 Station: 1 2 3 4 5 6 7 8 9 10 11
a) bereits gejoggt $\frac{6}{10}$
b) Reststrecke: $\frac{4}{10}$
c) nach Station 5 noch zu laufen: $\frac{5}{10}$
d) Freundin: $\frac{3}{10}$
e) Carlo läuft $\frac{12}{10}$, Katrin $\frac{10}{10}$ → Carlo trainiert mehr

4 a) Der Tank ist noch zu $\frac{1}{4}$ gefüllt.
Herr Brendel sollte demnächst nachfüllen.
b) siehe a)
c) $\frac{3}{4}$ des Öls wurde verbraucht.

5 Handelnd lösen
Verschiedene Faltmöglichkeiten vergleichen

112

6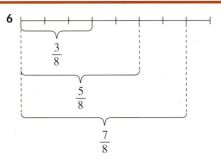

7 Laubwald: $\frac{1}{3}$ Nadelwald: $\frac{2}{3}$

8 $\frac{34}{100}, \frac{30}{100}$ oder $\frac{3}{10}, \frac{80}{100}$ oder $\frac{8}{10}, \frac{93}{100}, \frac{99}{100}, \frac{1}{100}$

9 $\frac{200}{1000}$ t + $\frac{800}{1000}$ t = $\frac{1000}{1000}$ t $\frac{973}{1000}$ t + $\frac{27}{1000}$ t = $\frac{1000}{1000}$ t
$\frac{455}{1000}$ t + $\frac{545}{1000}$ t = $\frac{1000}{1000}$ t $\frac{100}{1000}$ t + $\frac{900}{1000}$ t = $\frac{1000}{1000}$ t
$\frac{775}{1000}$ t + $\frac{225}{1000}$ t = $\frac{1000}{1000}$ t

10 a) $\frac{1}{2} + \frac{2}{2} - (\frac{1}{2} + \frac{1}{2}) =$
$\frac{3}{2} - 1 = \frac{1}{2}$
b) $\frac{3}{4} - (\frac{1}{4} + \frac{1}{4}) =$
$\frac{3}{4} - \frac{2}{4} = \frac{1}{4}$
c) $\frac{6}{8} + (\frac{3}{8} - \frac{2}{8}) =$
$\frac{6}{8} + \frac{1}{8} = \frac{7}{8}$
d) $(\frac{3}{4} + \frac{2}{4}) - (\frac{3}{4} - \frac{1}{4}) =$
$\frac{5}{4} - \frac{2}{4} = \frac{3}{4}$
e) $(\frac{50}{100} + \frac{35}{100}) - \frac{40}{100} =$
$\frac{85}{100} - \frac{40}{100} = \frac{45}{100}$
f) $\frac{6}{10} + \frac{3}{10} - (\frac{2}{10} + \frac{3}{10}) =$
$\frac{9}{10} - \frac{5}{10} = \frac{4}{10}$

11 $\frac{2}{10}$ dm, $\frac{4}{10}$ dm, $\frac{8}{10}$ dm, $\frac{1}{10}$ dm, $\frac{9}{10}$ dm, $\frac{5}{10}$ dm, $\frac{3}{10}$ dm, $\frac{6}{10}$ dm, $\frac{7}{10}$ dm, $\frac{5}{100}$ dm, $\frac{9}{100}$ dm, $\frac{8}{100}$ dm

123

1 a) 24,01 €
b) 31,65 €
c) 100,76 €
d) 26,08 €
e) 220,03 €
f) 185,60 €

2

+	1,15 €	0,89 €	2,17 €	3,99 €
a) 2,39 €	3,54 €	3,28 €	4,56 €	6,38 €
b) 8,49 €	9,64 €	9,38 €	10,66 €	12,48 €
c) 7,29 €	8,44 €	8,18 €	9,46 €	11,28 €
d) 5,99 €	7,14 €	6,88 €	8,16 €	9,98 €

3 Die Summe beträgt 26,67 €. Die Kassiererin hat statt 2,02 € den Betrag 202 € in die Kasse eingegeben.

4 Die Preisdifferenz beträgt 21,91 €.

5 Tanja hat jetzt 151,30 €.

6 Gesamtlänge: 8,7 cm

7

+	0,25 m	0,75 m	2,10 m	1,99 m
a) $\frac{1}{2}$ m	0,75 m	1,25 m	2,60 m	2,49 m
b) $\frac{1}{4}$ m	0,50 m	1 m	2,35 m	2,24 m

8 a) 3608 m; 15 060 m; 5400 m
b) 75 cm; 835 cm; 3590 cm; 46 070 cm
c) 84 mm; 243 mm; 802 mm; 560 mm
d) 93 cm; 274 cm; 1820 cm; 253 cm
e) 2437 m; 6030 m; 1500 m; 740 m

9 Am günstigsten: 6 Kantensteine zu je 1,20 m; Kosten: 48 €

10 a) 3025 g   d) 4,098 kg
b) 750 g   e) 10,250 kg
c) 12 010 g   f) 0,075 kg

11 322,8 kg wiegt die Maschine.

12 a) $\frac{1}{4}$ h = 0,25 h; $\frac{3}{4}$ h = 0,75 h; $1\frac{1}{2}$ h = 1,5 h; $2\frac{1}{4}$ h = 2,25 h
b) 30 min = 0,5 h; 45 min = 0,75 h; 15 min = 0,25 h; 60 min = 1,0 h; 75 min = 1,25 h; 90 min = 1,5 h
c) 1,5 h = 90 min; $1\frac{1}{4}$ h = 75 min; 1,75 h = 105 min; 2,25 h = 135 min; 2,5 h = 150 min

13 a) 1,5 km = 1500 m
b) 0,25 kg = 250 g
c) 12,50 € = 1250 Ct
d) 0,75 m = 75 cm
e) 1,5 kg = 1500 g
f) 500 g = 0,500 kg
g) 1250 g = 1,250 kg
h) 156 cm = 1,56 m
i) 1,25 h = 75 min
j) $\frac{3}{4}$ h = 45 min

141

1 a) Zeile 1: $U = 48$ cm; $A = 144$ cm^2
Zeile 2: $a = 18$ dm; $A = 324$ dm^2
Zeile 3: $a = 12$ m; $U = 48$ m
b) Zeile 1: $b = 12$ m; $U = 60$ m
Zeile 2: $a = 5$ dm; $U = 260$ dm
Zeile 3: $a = 12$ cm; $b = 3$ cm
Zeile 4: $a = 13$ dm; $A = 91$ dm^2

2 a) $U = 23$ cm; $A = 28$ cm^2
b) $U = 30$ cm; $A = 56$ cm^2
c) $U = 39$ cm; $A = 56$ cm^2
d) $U = 46$ cm; $A = 112$ cm^2
e) $U = 22$ cm; $A = 28$ cm^2

3 a) $A = 29{,}76$ m^2
b) $431{,}52$ €
c) $168{,}48$ €

4 Der Preis beträgt 159 848 €.

5 b) Scheune: 30 m × 20 m = 600 m^2
Werkraum: 10 m × 10 m = 100 m^2
Stallungen: 55 m × 18 m = 990 m^2
Wohnhaus: 38 m × 15 m = 570 m^2
Schuppen: 25 m × 10 m = 250 m^2

6 a) 1550 m^2
b) 125 m (Gartentor mitgerechnet)

7 a) 41 120 mm^2
b) 4400 cm^2

142

8 a) 80 m
b) 6400 m^2
c) 6200 m^2

9 a) Grundstück I ist 30 m breit,
Grundstück II ist 25 m breit,
Grundstück III ist 24 m breit
b) Die Umfänge betragen 140 m, 146 m und 148 m.
c) Der Preis beträgt 69 600 €.

10 a) 6 cm Seitenlänge
b) Die Flächeninhalte betragen 9 cm^2 und 36 cm^2.
c) Man muss 4 kleine Quadrate zusammenlegen.
d) Die Umfänge betragen 12 cm und 24 cm.

11 a) Es kann ein Rechteck von 16 cm × 3 cm oder von 8 cm × 6 cm entstehen.
b) Die Flächeninhalte betragen jeweils 48 cm^2.
c) Die Umfänge betragen 38 cm bzw. 28 cm.

142

12 Es ist eine Fläche von 33,75 m^2 zu streichen, wofür 3 Dosen Farbe benötigt werden.

13 a) 150 cm^2
b) 150 cm^2
c) Rechteck: 50 cm^2; Quadrat: 25 cm^2.

14 Es werden 1260 Tulpen gepflanzt.

15 Es sind 8800 m^2 Rasen zu mähen.

156

1 Ordner: 2,30 €.

2 Tanja muss 31,60 € bezahlen.

3 Schlüsselanhänger: 2,70 €.

4 Die Kommode kostete ursprünglich 447 €.

5 Der Schrank kostet dann 620 €.

6 Der Junge muss 5 € bezahlen.

7 6 Stücke Erdbeerkuchen: 6,90 €.

8 Simone hat 30 Wochen dafür gebraucht.

9 Der 6-er Kasten Apfelsaft kostet 6,90 €.

10 Michaela muss 3,84 € bezahlen.

11 Überflüssige Angabe: Alter des Kassierers.
Sie müssen 33 € bezahlen.

12 Neue Brille: 75,50 €
Überflüssige Angabe: Preis des Brillenetuis.

13 4 einzelne Batterien: 6,– €.
2 Zweierpackungen: 4,40 €.
1 Viererpackung: 2,99 €.
1 Secherpackung: 3,99 €; 4 Batterien würden dann 2,66 € kosten, aber zwei Batterien bleiben übrig.

Lösungen: Mathe-Meisterschaft

24

1 a) 50 000 b) 4000 c) 1 Million *(3 P.)*

2 a) 700 343 b) 5 000 803 c) 600 011 *(3 P.)*

3 a) 10 000 b) 9 999 999 c) 100 000 000 *(3 P.)*

4 1 234 570, 1 235 000, 1 200 000 *(3 P.)*

5 a) 509 030 b) 175 075 038 c) 538 348 *(3 P.)*

6 7 × Note 2, 11 × Note 4, 3 × Note 5, insgesamt 32 benotete Arbeiten *(4 P.)*

7 41 000, 45 000, 48 000 *(3 P.)*

8 a) 18 734 < 118 439 < 123 498 < 181 734 < 1 234 498 *(1 P.)*
  b) 97 399 < 99 793 < 99 893 < 99 933 < 99 973 *(1 P.)*

72

1 a) 296 + (27 + 23) = 296 + 50 = 346 *(1 P.)*
  b) (832 + 18) + 83 = 850 + 83 = 933 *(1 P.)*
  c) 9 · (4 · 25) = 9 · 100 = 900 *(1 P.)*
  d) 63 · (2 · 5) = 63 · 10 = 630 *(1 P.)*

2 a) 116 + 5 = 121 *(1 P.)*
  b) 72 + 3 · 3 = 72 + 9 = 81 *(1 P.)*
  c) 349 + 145 = 494 *(1 P.)*
  d) 24 : 3 = 8 *(1 P.)*

3 a) 500 − (87 + 175 + 2 · 45) = *(3 P.)*
  b) Sie zahlt 352 Cent (3,52 €); Rest 148 Cent *(3 P.)*

4 a) 612 216 *(1 P.)*
  b) 205 *(1 P.)*
  c) 1519 Rest 5 *(1 P.)*

5 a) $y = 84$ *(0,5 P.)*
  b) $x = 500$ *(0,5 P.)*
  c) $b = 364$ *(0,5 P.)*
  d) $x = 740$ *(0,5 P.)*
  e) $a = 9$ *(0,5 P.)*
  f) $x = 25$ *(0,5 P.)*

6 $250 + x = 850$
  $x = 600$ *(2 P.)*

97

1 Zeichnung *(1 P.)*
  a) Zeichnung *(1 P.)*
  b) Der Halbierungspunkt von AC liegt bei (4 | 5). *(1 P.)*
  c) Auf den Senkrechten liegen die Punkte (8 | 1) und (1 | 8). *(1 P.)*
  d) Auf der einen Parallelen liegen die Punkte (1 | 5) und (6 | 10), auf der anderen Parallelen die Punkte (0 | 2) und (8 | 6). *(1 P.)*
  e) Zeichnung *(1 P.)*
  f) Es entsteht eine Raute. *(1 P.)*

2 *(2 P.)*
  a) Zeichnungen *(1 P.)*
  b) Zeichnungen *(1 P.)*
  c) Zeichnungen *(1 P.)*
  d) Zeichnungen *(2 P.)*
  e) Es ist ein Quadrat mit 4 cm langen Seiten entstanden. *(2 P.)*
  f) Es sind vier Symmetrieachsen in das Quadrat einzuzeichnen: Die beiden Diagonalen und die beiden Mittelsenkrechten. *(2 P.)*

3 a) Ein Würfel hat 12 Kanten. *(1 P.)*
  b) Ein Quader hat 8 Ecken. *(1 P.)*
  c) Kanten, die in einer Ecke zusammentreffen, stehen senkrecht zueinander: $\overline{AB} \perp \overline{AD} \perp \overline{AE}$; $\overline{AB} \perp \overline{BF} \perp \overline{BC}$; $\overline{BC} \perp \overline{CD} \perp \overline{CG}$; usw. *(2 P.)*
  d) Jeweils vier Kanten eines Quaders verlaufen parallel zueinander. Sie sind zudem gleich lang: $\overline{AB} \parallel \overline{EF} \parallel \overline{CD} \parallel \overline{GH}/\overline{AD} \parallel \overline{EH} \parallel \overline{BC} \parallel \overline{FG}/\overline{AE} \parallel \overline{DH} \parallel \overline{BF} \parallel \overline{GC}$ *(2 P.)*

125

1 a) $\frac{1}{4}$ des Streifens ist 1 cm lang.
  Der ganze Streifen ist 4 · 1 cm = 4 cm lang. *(1 P)*
  b) $\frac{3}{4}$ des Streifens ist 3 cm lang
  Der ganze Streifen ist 4 cm lang. *(1 P)*

2 a) 10 km = $\frac{1}{30}$ von 300 km
  120 km = $\frac{12}{30}$ (= $\frac{2}{5}$) von 300 km
  Reststrecke: $\frac{18}{30}$ (= $\frac{3}{5}$) von 300 km *(2 P)*
  b) $\frac{1}{4}$ von 60 km = 15 km (gepaddelte Strecke) *(1 P)*
  60 km − 15 km = 45 km
  Sie haben noch 45 km zu paddeln. *(0,5 P)*
  3 h · 4 = 12 h
  Die gesamte Paddelzeit ist 12 Stunden. *(1 P)*
  12 h − 3 h = 9 h
  Sie haben noch 9 Stunden zu paddeln. *(0,5 P)*

3 a)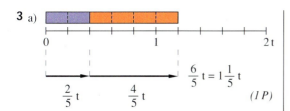

$\frac{2}{5}$ t $\frac{4}{5}$ t $\frac{6}{5}$ t = $1\frac{1}{5}$ t   *(1 P)*

b)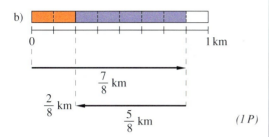

$\frac{7}{8}$ km $\frac{2}{8}$ km $\frac{5}{8}$ km   *(1 P)*

4 a) 0,75 m
b) 1,32 m
c) 4,60 m
d) 4,06 m   *(je 0,5 P)*

5 a) 14,86 €
b) 5,14 €   *(je 2 P)*

6 a) 0,125 kg
b) 0,500 kg
c) 2,956 kg
d) 5,250 kg   *(je 0,5 P)*

7 a) 12,75 m
b) 27,25 m   *(je 1 P)*

8 a) 0,12 €
b) 4,89 €
c) 3,84 €
d) 9,18 €
e) 12,08 €
f) 399,80 €   *(je 0,5 P)*

9 a) $\frac{2}{3}$ von 18 cm = 12 cm   *(1 P)*
b) $\frac{4}{7}$ von 28 € = 16 €   *(1 P)*

143

1 a) Wohnzimmer   3 cm × 3 cm
Schlafzimmer   3 cm × 2,5 cm
Kinderzimmer   3 cm × 2 cm
Küche   2 cm × 2 cm
Bad   2 cm × 1,5 cm
Gang   3,5 cm × 1 cm   *(3 P.)*
b) Wohnzimmer   6 m × 6 m
Schlafzimmer   6 m × 5 m
Kinderzimmer   6 m × 4 m
Küche   4 m × 4 m
Bad   4 m × 3 m
Gang   7 m × 2 m   *(6 P.)*
c) Wohnzimmer   36 m^2
Schlafzimmer   30 m^2
Kinderzimmer   24 m^2
Küche   16 m^2
Bad   12 m^2
Gang   14 m^2 *(6 P.)*
d) Gesamtfläche   132 m^2 *(1 P.)*

2 a) 100 m^2 *(4 P.)*
b) 52 m   *(2 P.)*
c) 1 : 200   *(2 P.)*

Lösungen: Bist du fit?

19

1 a) 3958 b) 403 107 c) 17 530

2 a) 1074 b) 119 697 c) 31 995 d) 209 664

3 a) 114 b) 1029 c) 513 d) 405

4 a) 132 c) 239 e) 359
  b) 116 d) 123 f) 382

5 Die Zahl heißt 12.

40

1 a) Kugel. Hat keine Ecken und Kanten.
  b) Zylinder. Hat kreisförmige Grund- und Deckfläche.
  c) Quadratische Pyramide. Hat quadratische Grundfläche und eine Spitze.

2 a) Kegel b) Quader c) Würfel

3 a) 6,50 m lang; 4 m breit
  b) 1 m c) 70 cm d) 1,50 m e) 2 m

57

1	2	3	4
	4	8	1	2
5		6		
3		5	0	1
7	8		9	
9	3		8	5
10		11		
9	6	6		1
12				
3	0	6	9	

79

1 Die Terme a) und b) passen zur Aufgabe.
Rückgeld 590 Cent (5,90 €)

2 a) $x = 47$
  b) $x = 72$
  c) $x = 28$
  d) $x = 6$

109

1 $b \parallel c$; $f \parallel h$; $a \parallel g$; $e \perp f$; $d \perp a$

2 F

118

1

	m	dm	cm	mm
a)	1,65	16,5	165	1650
b)	0,8	8	80	800
c)	1,20	12	120	1200
d)	0,08	0,8	8	80
e)	0,155	1,55	15,5	155
f)	1,35	13,5	135	1350
g)	0,55	5,5	55	550

2

$b = 4$ cm
$a = 5$ cm

3 Quadrate mit den Seitenlängen
  a) 4 cm b) 5,5 cm c) 6 cm

167

1

m	dm	cm	mm
1,20	12	120	1200
1,50	15	150	1500
2,52	25,2	252	2520
0,03	0,3	3	30
0,05	0,5	5	50

2 a) 1,249 km = 1249 m   2,029 km = 2029 m
  b) 2340 m = 2,340 km   1290 m = 1,290 km
  c) 2080 m = 2,080 km   2008 m = 2,008 km
  d) 5,9 km = 5900 m   5,09 km = 5090 m

3

a	9 cm	8 cm	7 cm	6 cm	5 cm	4 cm
b	1 cm	2 cm	3 cm	4 cm	5 cm	6 cm
A	9 cm²	16 cm²	21 cm²	24 cm²	25 cm²	24 cm²

Das Quadrat hat bei gleichem Umfang den größten Flächeninhalt.

4 a) Teppichboden: 15,75 m²
  b) $u = 16$ m
  Benötigte Fußbodenleisten: 13,88 m (≈ 14 m)

Bausteine zum Grundwissen

Regeln und Gesetze

Stellenwerttafel Unser Zahlensystem ist ein Dezimalsystem.

Billionen			Milliarden			Millionen			Tausender					
Hundert	Zehn	Eine	Hundert	Zehn	Eine	Hundert	Zehn	Eine	Hundert-	Zehn-	Ein-	Hunderter	Zehner	Einer

---

Rundungsregel Betrachte die Ziffer **rechts** von der Stelle, auf die gerundet werden soll.
Beispiel: Runde auf Hunderter – 1873
Ist diese Ziffer **0**, **1**, **2**, **3** oder **4**, so runde **nach unten** ab.
Ist diese Ziffer **5**, **6**, **7**, **8** oder **9**, so runde **nach oben** auf.
Lösung: 1900

Grundrechenarten

Addition	Subtraktion	Multiplikation	Division
$\underbrace{15 + 13}_{\text{Summe}} = 28$	$\underbrace{29 - 13}_{\text{Differenz}} = 16$	$\underbrace{4 \cdot 50}_{\text{Produkt}} = 200$	$\underbrace{27 : 3}_{\text{Quotient}} = 9$

Vertauschungsgesetz

Addition	Subtraktion	Multiplikation	Division
13 + 15 = 28	29 − 13 = 16	50 · 4 = 200	27 : 3 = 9
15 + 13 = 28	~~13 − 29~~ =	4 · 50 = 200	~~3 : 27~~ =
Vertauschen ist möglich	Nicht vertauschen	Vertauschen ist möglich	Nicht vertauschen

Klammerregel	Addition	Subtraktion	Multiplikation	Division
	$15 + 28 + 17 = 60$	$(37 - 18) - 8 = 11$	$(3 \cdot 20) \cdot 5 = 300$	$(80 : 4) : 2 = 10$
	$15 + (28 + 17) = 60$	$37 - (18 - 8) = 27$	$3 \cdot (20 \cdot 5) = 300$	$80 : (4 : 2) = 40$
	$(15 + 28) + 17 = 60$			
	Klammern können beliebig gesetzt werden	Klammern nicht beliebig setzen	Klammern können beliebig gesetzt werden	Klammern nicht beliebig setzen

„Punkt-vor-Strich"-Regel

$7 + \underbrace{8 \cdot 2} =$
$7 + 16 = 23$

$8 - \underbrace{9 : 3} =$
$8 - 3 = 5$

Punktrechnen ($\cdot$) ($:$) geht vor Strichrechnen ($+$) ($-$).

Gleichungen

Umkehraufgabe:
$x + 5 = 13$
$x = 13 - 5$
$x = 8$

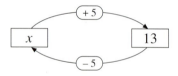

Brüche

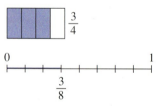

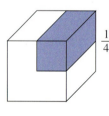

Zähler
$\downarrow$
$\dfrac{2}{5}$ ← Bruchstrich
$\uparrow$
Nenner

Stellenwerttafel für Dezimalbrüche

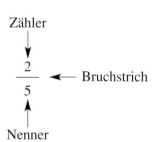

Grundwissen Geometrie

Linien

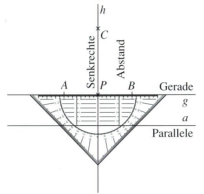

Gerade Linien
$\overline{AB}$ Strecke (an beiden Enden durch Punkte begrenzt)
a Gerade (nicht durch Punkte begrenzt)
$a \parallel g$ parallel zu
$h \perp g$ senkrecht zu
$\overline{PC}$ Abstand; Senkrechte (kürzeste Entfernung zwischen den Punkten)

Gitternetz

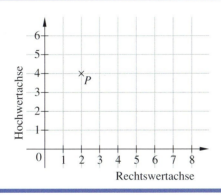

Gitterzahlen
$P(2|4)$
zuerst Rechtswert
dann Hochwert

Achsensymmetrie
Achsenspiegelung

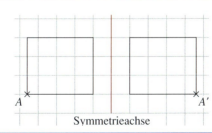

Jeder Punkt der Ausgangsfigur (z. B. A) hat zur Symmetrieachse den gleichen Abstand wie der ihm gegenüberliegende Bildpunkt (z. B. A').

Würfel

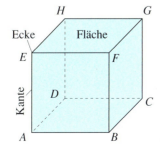

Eigenschaften des Würfels:
- zwölf gleich lange Kanten
- gegenüberliegende Kanten sind parallel zueinander
- acht Ecken (gebildet durch drei Kanten, die zueinander senkrecht stehen)
- sechs gleich große quadratische Seitenflächen
- gegenüberliegende Flächen verlaufen zueinander parallel

Quader

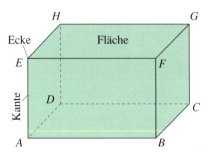

Eigenschaften des Quaders:
- zwölf Kanten, je vier sind gleich lang
- gegenüberliegende Kanten sind gleich lang und parallel zueinander
- acht Ecken (gebildet durch drei Kanten, die zueinander senkrecht stehen)
- sechs Seitenflächen (je zwei gegenüberliegende sind gleich groß)
- gegenüberliegende Flächen verlaufen zueinander parallel

Umfang

Rechteck	Quadrat

$u = a + b + a + b$	$u = a + a + a + a$
$u = 2 \cdot a + 2 \cdot b$	$u = 4 \cdot a$
$u = 2 \cdot (a + b)$	

Flächeninhalt

Rechteck	Quadrat
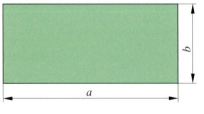	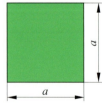
$A = a \cdot b$	$A = a \cdot a$

Größen und Maßeinheiten

Längen
1 m = 10 dm = 100 cm = 1000 mm Umwandlungszahl **10**
1 dm = 10 cm = 100 mm
1 cm = 10 mm

1 km = 1000 m Umwandlungszahl **1000**

Flächeninhalte
1 m^2 = 100 dm^2 Umwandlungszahl **100**
1 dm^2 = 100 cm^2
1 cm^2 = 100 mm^2

Gewichte
1 t (Tonne) = 1000 kg Umwandlungszahl **1000**
1 kg = 1000 g

Geld
1 € = 100 Cent Umwandlungszahl **100**

Zeitspannen
1 Tag = 24 h (Stunden)
1 h = 60 min (Minuten)
1 min = 60 s (Sekunden)

Bildnachweis

Fotos:

Bavaria, Gauting: 92|1
Bongarts Sportfotografie, Hamburg: 25|1, 2, 4 (Kienzle); 25|3; 42
Cornelsen Verlagsarchiv: 9
Deutsche Bahn AG, Berlin: 44; 68
Deutsche Lufthansa, Köln: 92|4
Reinhard Fischer, Zirndorf: 73; 81; 82
Max Friedl, Spiegelau: 166|1
Focus, Hamburg: 18 (S. Hartz)
Mathias Hamel, Berlin: 132
Jürgen Hohmuth, Berlin: Titelbild
IFA Bilderteam, Taufkirchen: 92|2 (Michler)
Info-Center Gumerich: 75
Helga Lade, Berlin: 155
Mauritius, Berlin: 36; 46 (Hackenberg); 69 (Sporting Pictures); 92|3 (Vogt), 6 (Häusler); 161 (Cash)
Ekkehard Nitschke, Berlin: 35|1; 116; 117; 127; 147–150; 153
Reinhard, Heiligkreuzsteinach: 37
Rhein-Ruhr-Hafen, Duisburg: 158
Jens Schacht, Düsseldorf: 29; 34; 35|2; 41; 45; 78|2; 126; 142
Siemens AG, Erlangen: 11|1
Wolfgang Stürz, Bartholomä: 166|2
Tourist-Information Muggendorf/Streitberg: 164
Ullstein Bilderdienst, Berlin: 92|5 (Willmann)
Volkswagen AG, Wolfsburg: 40
Heidrun Weber, Hummeltal: 101|2
Mathias Wosczyna, Rheinbreitbach: 11|2; 32; 39; 78|1; 115|1
Gerald Zörner, Berlin: 135

Illustrationen:

Reinhard Fischer, Zirndorf: 73|1
Gabriele Heinisch, Berlin; 164|1
Sabine Völkers, Berlin: 7; 19|1; 32; 33; 41; 43; 46; 53; 58; 59; 68; 76|1, 2; 102; 107|3; 112|3; 119; 131; 132; 145; 148; 156|1, 2; 157|2; 160|1; 161|2
Werner Wildermuth, Dachau: 7|4; 8; 10; 11; 12; 14; 15; 16; 17; 19|2, 3; 20; 21; 22; 23; 25; 27; 38; 40; 48; 49; 51; 52; 53|1, 2; 54; 55; 56; 57; 59; 60; 61; 63; 65; 67; 70; 71; 73|2, 3, 4; 74; 76|3; 77; 84; 85; 86; 87; 88; 93; 94; 98; 99; 100; 101; 104; 105; 107|1, 2; 108; 109; 110; 111; 112|1, 2, 4; 113; 114; 115|2; 116; 117; 118; 120; 122|1; 123; 124; 127; 129; 130; 134; 135; 137; 142; 144; 146; 149; 154; 156|3; 157|1; 160|2, 3; 161|2; 163; 165; 167

Technische Zeichnungen:

Ulrich Sengebusch, Geseke